为什么要发展核电

（第三版）

——『双碳』目标下的中国核电

中核战略规划研究总院
中国核能电力股份有限公司 秦山核电 编著

中国原子能出版社

图书在版编目（CIP）数据

为什么要发展核电 / 中核战略规划研究总院，中国核能电力股份有限公司，秦山核电编著．-- 3版．-- 北京：中国原子能出版社，2022.4（2025.3重印）
ISBN 978-7-5221-1731-7

Ⅰ．①为… Ⅱ．①中… ②中… ③秦… Ⅲ．①核电工业-基本知识 Ⅳ．①TL

中国版本图书馆CIP数据核字（2021）第242924号

内容简介

全书从核能发现和利用历史说起，聚焦应对气候变化和“双碳”目标下我国能源结构转型的紧迫性，系统阐述核电的清洁低碳、安全可靠、经济高效属性以及在实现“双碳”目标方面的重要战略地位，积极安全有序发展核电对保障我国能源安全供应、促进能源科技创新、推动全球能源合作的重要价值，尤其是通过详尽的数据和案例说明了发展核电对经济社会的发展和生态文明建设的重要作用，提出了安全发展、创新发展核电的具体举措，并对核电未来的前景进行了积极展望。文尾附有党和国家领导人对核能事业发展的重要论述以及徐匡迪院士、杜祥琬院士、潘自强院士、叶奇蓁院士等专家学者对核能利用的价值、意义和风险应对、发展策略的思考。对领导干部、大学生、媒体记者以及核电、能源行业从业者、科普工作者和爱好者等具有重要参考价值。

为什么要发展核电

出版发行	中国原子能出版社（北京市海淀区阜成路43号　100048）
策划编辑	王　朋　王　青
责任编辑	张　梅　郭文传
装帧设计	崔　彤
责任校对	冯莲凤
责任印制	赵　明
印　　刷	北京中科印刷有限公司
开　　本	787 mm × 1092 mm　1/16
印　　张	16
字　　数	186千字
版　　次	2022年4月第3版　2025年3月第6次印刷
书　　号	ISBN 978-7-5221-1731-7
定　　价	69.00元

出版电话　010-88821453
发行电话　010-68452845

《为什么要发展核电》

编委会

主　编：叶奇蓁

副主编：潘建明　卢铁忠　潘启龙　李雄飞

　　　　黄　潜

编　委：马明泽　尹卫平　杜运斌　赖江南

　　　　邹正宇　曹水林　白云生　张春东

编写组

许　佳　卫毓卿　王　朋　高　彬　罗路红

商红超　原　勇　方路生　陶奇伟　王　青

张　明　陆浩然　张海军　李林蔚　孙小凯

郭文传　张　梅　江小生　张关铭　蒋焱兰

田镇瑜　田洪达　陈富强　沈然荻

前　言

2020 年 9 月 22 日，习近平主席在第 75 届联合国大会一般性辩论上庄严承诺：“中国将提高国家自主贡献力度，采取更加有力的政策和措施，二氧化碳排放力争于 2030 年前达到峰值，努力争取 2060 年前实现碳中和。”落实“双碳”目标，是实现我国可持续发展的内在要求，也是主动担当大国责任、推动构建人类命运共同体的迫切需要。我国作为世界上最大的发展中国家，与发达国家相比，实现“双碳”目标，时间更紧、幅度更大、困难更多，任务异常艰巨。因此，必须拿出抓铁有痕的干劲，亮出攻坚克难的利器，才能有成竹在胸的底气。

作为清洁、低碳、安全、高效的能源品种，2020 年全球核能总发电量达到 2.7 万亿千瓦时，贡献了世界约 1/3 的低碳电力，帮助全球减少了至少 29 亿吨碳排放。发展核电对促进经济社会发展、优化能源结构、保护生态环境、减少温室气体排放等发挥了重要作用。对于中国而言，经过三十多年的发展，核电事业取得了良好的成就，始终保持着良好的核安全记录，核电的运行管理水平也达到了世界先进水平。

积极安全有序发展核电，成为当前国家发展核电的明确方针，也是实现“双碳”目标的重要选择。根据多家行业研究机构预测，为适应我国实现碳中和目标的发展要求，到 2060 年前后，我国核电装机规模将大幅提升，核能发电量占比有望达到 20% 以上。核电将由过去战略性的补充能源，逐渐演变成为电力系统清洁低碳电量供给的基础性支柱能源。

为实现这一宏伟的核电发展中长期目标，更加充分发挥核电的清洁低碳价值，既需要党中央、国务院的顶层设计和战略部署，也离不开部委和地方政府对发展核电的理解与支持，更需要核电企业的努力和全社会公众的共同参与和鼎力支持。

基于此，我们策划组织撰写这本面向领导干部、能源行业从业人员和其他社会公众的核电科普读物，书名为《为什么要发展核电——“双碳”目标下的中国核电》（第三版）。在前两版的基础上，本读物试图立足客观、科学、系统的视角，以贴近群众、贴近生活、通俗易懂的语言，从核电发展的历史、地位和重大意义出发，梳理核电发展现状、明确天然优势、剖析发展挑战，探求发展之路，展望清洁核能赋能人类美好生活的动人前景。

本读物在回应社会关切的同时，也希望在核电的基本特征、发展概况、核电未来发展前沿、生态文明建设、核安全文化传播等方面进行科学普及。希望本读物既能为读者打开核电知识之窗，提升对核的认知，释疑增信，为中华大地培育核电发展的肥沃“土壤”；为我国实现从“核电大国”到“核电强国”的跨越式发展提供行动方案；为保障我国能源安全、促进能源安全和结构升级、助力实现“碳达峰、碳中和”目标、加速生态文明建设进程、建设人类核安全命运共同体营造良好社会氛围，提供智力支持和政策参考。

编委会

2022 年 4 月

目 录

第 1 章

核能利用关乎人类可持续发展

第 1 章 核能利用关乎人类可持续发展

能源是人类社会发展、生产技术进步的推动力，是人类生产和文明的基础。历史进程表明，人所能利用的能源流和能源转换方式是决定人类经济、政治和文化一般结构的最为基础和关键的要素。随着生产和科技的发展，人类逐步扩大了能源的利用范围，人类社会经历过多次能源转型和演进，而每一次进步所带来的转变，都是人类文明的蜕变。

从原始人掌握钻木取火开始，逐渐扩大对畜力、水力和风力的利用，到煤炭替代薪柴，石油取代煤炭。18 世纪中叶蒸汽机的发明，使人类开始懂得热能可以转化为机械能，进而转化为电能。随着电能的广泛应用，生产力大大提高，经济飞速发展。自 20 世纪 40 年代以来，人类开始了核能的开发和利用，从此步入了原子能时代。

第一节

全球核能技术发展简史

作为20世纪人类创造的伟大科技成果，核能的开发和利用既推动着人类对物质世界的无限探索和全新认知，也与人们的生产和生活紧密相关。自英国科学家卢瑟福1919年用α粒子轰击氮原子核产生质子，首次实现人工核反应后，核科学技术得到了迅速发展和应用。1954年，苏联建成世界第一座试验核电站，为人类和平利用核能开辟了广阔的舞台。经过近70年的发展，核电已经和水电、火电一起构成了世界电力供应的三大支柱。

1. 核能利用奥秘的发现

核能利用问世的准备时期，可以追溯到19世纪末至20世纪初。19世纪末，英国物理学家汤姆逊发现了电子。1895年，德国物理学家伦琴发现了X射线。1896年，法国物理学家贝克勒尔发现了天然放射性现象。1898年，居里夫人发现新的放射性元素钋，同年又发现了放射性元素镭。这些放射性元素的相继出现，使得人们逐步意识到了其中蕴藏着的巨大能量。

1905 年 9 月 27 日，阿尔伯特·爱因斯坦在他的论文《物体的惯性同它所含的能量有关吗？》中提出了自然科学史上最著名的质量能量关系式：$E=mc^2$[①]。这一关系式从理论上预言了质量和能量的转换关系，而且这种关系以不可思议的光速的平方（9 乘 10 的 16 次方）数量级放大。它的问世为人类探索利用核能指明了方向，开辟了核能利用的新纪元。

1932 年，英国物理学家查德威克发现了中子。1934 年，法国科学家居里夫妇在实验中得到人工放射性核素（同位素）。1938 年底，德国柏林的哈恩和斯塔斯曼利用中子束轰击铀，成功实现人类历史上第一次人工核裂变，震动了当年世界各国物理实验室！1939 年初，费米、居里夫人、西拉德等不仅运用相同技术重现了人工核裂变，而且用产生的中子去持续轰击其他未反应的铀核时，更是成功产生了释放超大能量的“链式反应”！只是原子核蕴藏的这种巨大能量被发现得不是时候，因为这一时期战争阴云正笼罩在世人的头顶上。1939 年 9 月，第二次世界大战爆发，战争加速了人类对核能利用的研究步伐，核能首先被应用在军事领域。

第二次世界大战期间，出于对德国率先掌握核能武器化应用的担忧，美国启动了“曼哈顿计划”，利用核裂变反应研制原子弹。作为曼哈顿计划的一个重要分支，需要建造一座可以产生大量中子的核反应堆。作为当时的中子学权威，意大利裔核物理学家恩利克·费米成为最佳的牵头人选。1942 年，费米教授率领团队在芝加哥大学体育场看台下建设了世界上第一座反应堆，并成功实现了人类第一次可控自持链式核裂变反应，证明了核裂变能的利用是可

① 式中：E 为能量（焦耳），m 为质量（千克），c 为光速（在真空中约 3×10^8 米 / 秒）。

能的，同时也使曼哈顿计划的推进步伐得以加快。随后 1945 年两颗原子弹分别在日本广岛和长崎爆炸，加速了第二次世界大战的结束，世界人民迎来了久违的和平。但同时原子弹爆炸展现的巨大毁灭效果也给世界人民造成了巨大的心理冲击和对核武器的恐惧。

2. 世界核电技术发展概述

二战期间，核反应堆的研制主要用于军事目的，战后一段时间里仍侧重于军用。到了 20 世纪 50 年代，美国、苏联等国在进行军备竞赛的同时也竞相开始发展核电。1951 年，美国利用一座实验反应堆的热量进行了发电尝试，虽然电量只够点亮 4 个 200 瓦的灯泡，但是证明了反应堆是能够用来发电的。1954 年，前苏联在奥布灵斯克建成了世界第一座核电站，其发电功率为 5000 千瓦。1957 年，美国建成电功率为 9 万千瓦的希平港原型核电站，这是世界上第一座压水堆核电站。这些成就证明了利用核能发电的技术可行性，国际上把上述实验性和原型核电机组称为第一代核电机组。

20 世纪 60 年代后期，在试验性和原型核电机组基础上，陆续建成发电功率在 30 万千瓦以上的压水堆、沸水堆、重水堆等核电机组，它们在进一步证明核能发电技术可行性的同时，使核电的经济性也得以证明：可与火电、水电相竞争。20 世纪 70 年代，发达国家受到两次石油危机的冲击，选择以核代油，使全球核电发展掀起了高潮。1976 年，世界核电装机容量已突破 1 亿千瓦。目前世界上商业运行的四百多座核电机组绝大部分是在这段时期建成的，称为第二代核电机组。

20 世纪 90 年代，为解决三哩岛和切尔诺贝利核电站的严重事故的负面影响，世界核电界集中力量对严重事故的预防和后果缓解进行了研究和攻关，美国和欧洲先后出台“先进轻水堆用户要求”文件和“欧洲用户对轻水堆核电站的要求”，进一步明确了防范与缓解严重事故、提高安全可靠性和改善人因工程等方面的要求。国际上通常把满足这两份文件之一的核电机组称为第三代核电机组。第三代核电技术问世以后，受到全球核电用户的普遍关注，包括我国在内的全球核电业主大多都已经选用或准备选用更安全、更经济的第三代核电技术进行新的核电机组建设。

2000 年 1 月，在美国能源部的倡议下，美国、英国、瑞士、南非、日本、法国、加拿大、巴西、韩国和阿根廷等国联合组建了“第四代国际核能论坛”(GIF)，并于 2001 年 7 月签署合约，约定共同合作研究开发第四代核能系统 (Gen Ⅳ)。GIF 希望第四代核能系统（见表 1–1）能更好地解决核能发展中的可持续性（铀资源利用与废物管理）、安全与可靠性、经济性、防扩散与实体保护等问题，并提出了六种堆型，包括钠冷快堆、铅冷快堆、气冷快堆、超临界水堆、超高温气冷堆和熔盐堆。另外，一般认为行波堆和加速器驱动的次临界系统（ADS）也可以满足第四代堆的要求。以上堆型中，钠冷快堆是目前研发进展最快、最接近满足商业核电厂需要的堆型。

表 1-1　第四代堆堆型介绍

堆型	主要优势	技术发展阶段
钠冷快堆	闭式燃料循环	俄罗斯 BN800 示范快堆建成；我国钠冷快堆示范工程开工
铅冷快堆	小型化多用途	关键工艺技术研究
气冷快堆	闭式燃料循环	出现关键技术难以克服的情况
超高温气冷堆	核能的高温利用	我国高温气冷堆示范工程开工
超临界水堆	在现有压水堆的基础上提高经济性与安全性	关键技术和可行性研究
熔盐堆	钍资源利用	关键技术和可行性研究
ADS	嬗变[1]	关键工艺技术研究
行波堆	提高铀的利用率	关键工艺技术研究

① 一种元素通过核反应转化为另一种元素。

第二节

核能利用与全球可持续发展

可持续发展指在不损害后代人满足其自身需要的前提下满足当代人需要的发展。可持续发展要求为人类和地球建设一个具有包容性、可持续性和韧性的未来而共同努力。要实现可持续发展，必须协调三大核心要素：经济增长、社会包容和环境保护。这些因素是相互关联的，且对个人和社会的福祉都至关重要。随着可持续发展理念在全球形成普遍共识与广泛传播，各行各业都在为联合国2030年可持续发展目标而积极努力，和平利用原子能同样能够有效促进联合国可持续发展目标的实现。尤其是进入21世纪以来，随着世界能源日趋紧张、温室气体减排压力增加，加上核能技术在安全性和经济性上取得的进步，核能对消除贫困、优质教育、可持续经济增长等联合国可持续发展目标实现的贡献愈加凸显。

1. 全球应对气候变化行动

在全球变暖的背景下，极端天气事件趋强趋多已成为不容置疑的事实。1988年世界气象组织和联合国环境规划署成立了联合国政府间气候变化专门委员会（IPCC），旨在为决策者定期提供针对气候变化的科学基础、其影响和未来风险的评估以及适应和减缓的可选方案。2021 年 8 月 9 日，IPCC 正式发布第六次评估报告第一工作组报告《气候变化 2021：自然科学基础》，该报告汇聚全球 200 余位专家共同完成，以最新的数据、翔实的证据、多元的方法提供了全球和主要区域当前气候变化状态、气候变化归因以及未来气候变化趋势的评估结论，一经发布便引发关注。

报告指出，2011—2020 年间全球平均地表温度较工业化前（1850—1900 年）平均值高 1.09℃（见图 1-1），而人类活动

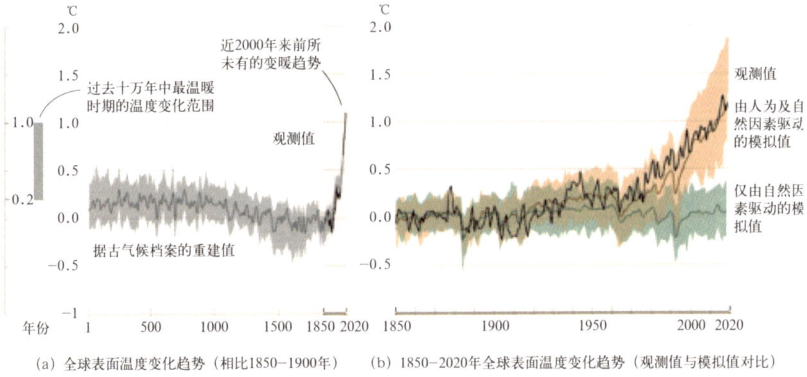

图 1-1　全球温度变化的历史和近期变暖的原因[1]

排放的温室气体是全球变暖的主因。随着全球温度的上升，高温极端天气发生的强度和频率都在迅速增加，极端降雨事件也将变得更加频繁，导致降雨量显著增加。沿海地区的海平面将持续上升，进一步的变暖将加剧多年冻土的融化，以及季节性积雪的损失、冰川和冰盖的融化、夏季北极海冰的损失等。报告特别提出，除非在未

① 摘译自 IPCC，2021：Summary for Policymakers. In: Climate Change 2021：The Physical Science Basis.《气候变化 2021：自然科学基础》。

来几十年内大幅减少二氧化碳和其他温室气体排放，否则 21 世纪全球温升幅度较工业化前平均水平将超过 2℃。

气候变暖跟温室效应有关，人类活动使得排放到大气层的温室气体大增，加剧了温室效应和地球升温幅度。2019 年，全球温室气体排放量连续第三年增加，达到了 524 亿吨二氧化碳当量（不考虑土地利用变化），而使用化石能源产生的二氧化碳排放量达到了 380 亿吨，再创历史新高，其中排名前四位的排放国家和地区（中国、美国、欧盟 27 国加英国、印度）温室气体总排放量占全球 55%（见图 1–2）。

应对全球气候变化是全人类共同的责任，需要世界各国积极行动起来，寻找最优方式应对气候变化给全人类经济社会带来的问题和挑战。从 1992 年在巴西里约热内卢达成《联合国气候变化框架公约》以来，国际社会围绕细化和执行该公约开展了持续谈判，相继签署了《京都议定书》《巴厘路线图》《坎昆协议》《巴黎协定》等一系列全球气候治理方案，加快推动全球应对气候变化采取行动。

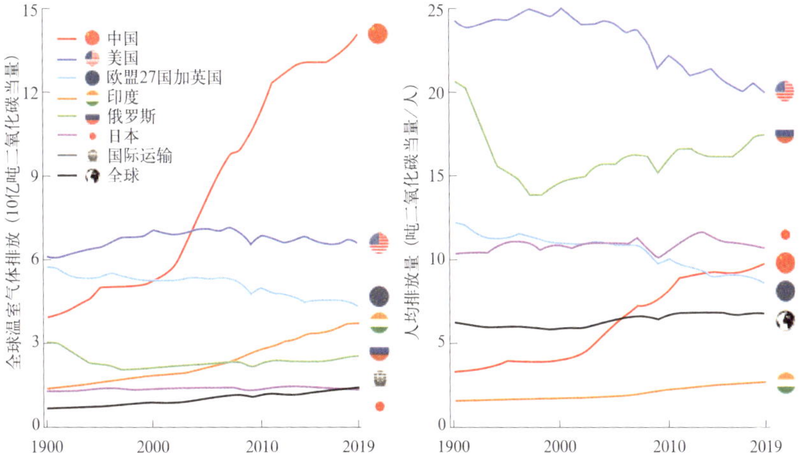

图 1–2 全球主要国家和地区温室气体排放情况[1]

① 数据来源：联合国环境规划署《2020 排放差距报告》。

其中《京都议定书》是人类历史上第一部限制各国温室气体排放的国际法案，《巴黎协定》确立了国际气候合作新模式，并提出了“21世纪末将全球平均气温升幅控制在工业化前平均水平以上低于2℃以内，并努力将气温升幅限制在工业化前水平以上1.5℃以内”的明确目标。

碳达峰是指全球、国家、城市、企业等主体排放的二氧化碳总量由升转降的过程，截至2019年，全球共有46个国家和地区实现碳达峰，主要包括美、英、法、德、日等发达国家，也有少量发展中国家和地区[①]。多数发达国家已经实现碳达峰，碳排放进入下降通道，而我国目前碳排放增速虽然比2000—2010年快速增长时期有所下降，但由于经济快速发展，碳排放量仍然呈现增长态势，尚未达峰。碳中和是指人为排放的温室气体与通过植树造林、碳捕集与封存（CCS）技术等人为活动主动吸收的温室气体达到总量平衡，这里的温室气体[②]狭义上也可仅指二氧化碳（见图1-3）。

图1-3 关于碳中和概念的直观示意图

根据2018年IPCC发布的1.5℃特别报告的研究结论，要实现《巴黎协定》提出的2℃目标，要求2030年全球二氧化碳排放量要比2010年减少25%，在2070年左右实现碳中和；而实现1.5℃目标，则要求全球在2030年比2010年减排45%，

① 陈迎、巢清尘等，《碳达峰、碳中和100问》，人民日报出版社，2021年版，第89页。
② 除了二氧化碳，对地球具有增暖效应的温室气体还包括甲烷、氧化亚氮、氢氟碳化物、全氟化碳、六氟化硫等其他气体。

在 2050 年左右实现碳中和。碳中和正成为世界主要国家低碳发展策略的长期愿景和国际气候行动的重要目标。目前全球已有 137 个国家以立法、法律提案、政策文件等不同形式提出或承诺实现碳中和，124 个国家设定了到 2050 年实现碳中和的目标，表态将采取积极措施应对气候变化。

2020 年 9 月 22 日，国家主席习近平在第七十五届联合国大会一般性辩论上郑重宣布，中国将提高国家自主贡献力度，采取更加有力的政策和措施，二氧化碳排放力争于 2030 年前达到峰值，努力争取 2060 年前实现碳中和。2020 年 12 月 12 日，国家主席习近平在气候雄心峰会上进一步提出了中国国家自主贡献新举措，到 2030 年，中国单位国内生产总值二氧化碳排放将比 2005 年下降 65% 以上，非化石能源占一次能源消费比重将达到 25% 左右，森林蓄积量将比 2005 年增加 60 亿立方米，风电、太阳能发电总装机容量将达到 12 亿千瓦以上。

我国提出力争 2060 年前实现碳中和，需要比发达国家 2050 年实现碳中和付出更大的努力。这是因为欧美发达国家从碳达峰到碳中和，有 50 ~ 70 年的过渡期，而我国只有 30 年时间，从 2030 年到 2050 年我国碳排放的年均减排率将达 8% ~ 10%，远超发达国家减排的速度和力度（见图 1-4）。碳达峰、碳中和目标愿景的提出，意味着我国更加坚定地贯彻新发展理念，推进产业转型升级，走绿色、低碳、循环的发展路径，引导民众低碳消费和转变生活方式，实现高质量发展；也将引领全球实现绿色、低碳复苏，对推进全球应对气候变化合作行动、构建人类命运共同体，具有非常现实和重要的意义。

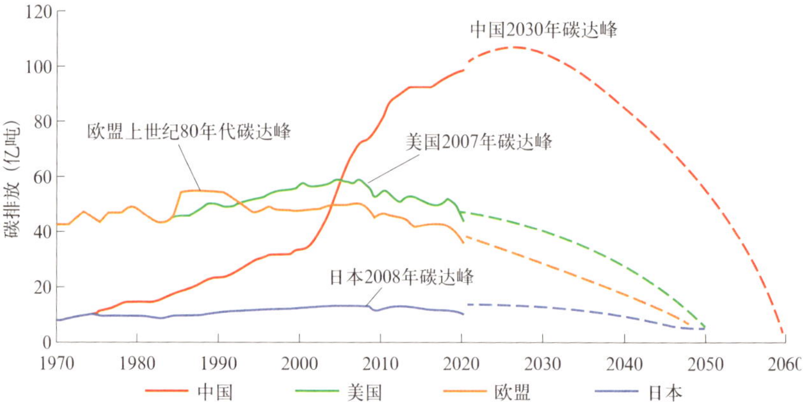

图 1-4　中国、美国、欧盟、日本碳达峰到碳中和时间①

2021 年 9 月 22 日，中共中央、国务院发布《关于完整准确全面贯彻新发展理念 做好碳达峰碳中和工作的意见》，在新发展理念指导下系统部署碳达峰碳中和工作。10 月 24 日，国务院又印发了《2030 年前碳达峰行动方案》，进一步聚焦“十四五”和“十五五”两个关键五年，明确了各地区、各领域、各行业推进碳达峰工作的具体部署。

2. 核能对实现可持续发展的的重要作用

为有效推动全球的可持续发展，2015 年 9 月 25 日，联合国可持续发展峰会在纽约总部召开，联合国 193 个成员国在峰会上正式通过 17 个可持续发展目标（见图 1-5）。时任联合国秘书长的潘基文指出：“这 17 个可持续发展目标是人类的共同愿景，也是世界各国领导人与各国人民之间达成的社会契约。它们既是一份造福人类和地球的行动清单，也是谋求成功的一幅蓝图。”

① 舒印彪《碳达峰碳中和技术路径及实践探讨》报告。

图 1-5　联合国可持续发展目标

核能，在为人类提供电力能源的同时，也可为工业和民用提供热源，与人们的生产生活密切相关。世界核协会（WNA）总干事萨玛·毕尔巴鄂·莱昂公开表示，核能是联合国可持续发展目标的“关键支柱”。[①] 2021 年 10 月 26 日，世界核协会（WNA）、美国核能协会（NEI）、欧洲原子能论坛（Foratom）、日本原子力产业协会（JAIF）、英国核工业协会（NIA）和加拿大核协会（CNA）联合发布报告《核能对实现联合国可持续发展目标的贡献》，强调了核能可以为实现联合国 17 个可持续发展目标（SDG）作出的贡献。

目标 1“在全世界消除一切形式的贫困”：核能可以可靠地提供负担得起的电力和热源，且不会排放温室气体和空气污染物，并且投资核能可以推动经济发展并创造就业岗位。

目标 2“消除饥饿，实现粮食安全，改善营养状况和促进可持续农业”：核能可以在三个方面作出贡献：一是核技术的同位素示踪技术，可以用于农药病虫代谢研究；二是利用核技术进行辐射育种，有助于培育出能适应气候变化的改良品种，帮助脆弱国家保障

① 伍浩松，核能对可持续发展的贡献被低估，国外核新闻，2021 年 5 月 25 日。

粮食与营养安全；三是辐照技术可用于食品的灭菌和杀虫、鲜活食品的保鲜等。

目标 3“确保健康的生活方式，促进各年龄段人群的福祉”：核能可以在四方面作出贡献：一是放射性药物每年帮助医生对数以千万计的患者开展诊治工作；二是放射性同位素对于医学研究至关重要，可用于分析人体内的特定分子；三是放射疗法有助于治疗多种癌症；四是辐照技术可用于医疗设备（如注射器和导管）的消毒。

目标 4“确保包容和公平的优质教育，让全民终身享有学习机会”：核能行业能够提供高技能的长期工作岗位，核工业企业一直在人员教育和培训方面进行投资，以培养核电厂建设和运营所需的人才。

目标 5“实现性别平等，增强所有妇女和女童的权益”：无法可靠地获得负担得起的清洁能源，会对妇女和女童造成更为严重的不利影响。核工业企业已签署倡议，鼓励年轻女性进入“科学、技术、工程和数学”（STEM）领域工作，并提供培训，以防止歧视，并消除偏见。

目标 6“为所有人提供水和环境卫生并对其进行可持续管理”：一是核能在普及清洁用水和卫生设施方面可发挥核心作用；二是可利用核反应堆进行海水淡化。

目标 7“确保人人获得负担得起的、可靠和可持续的现代能源”：在全球人口不断增长、“需求侧”电气化不断推进以及仍有数十亿人无法获得经济可靠电力供应等因素的推动下，电力需求正在增加。以燃烧化石燃料的方式来满足日益增长的电力需求是不可持续的，实现向核能等清洁技术的转型至关重要，如果要帮助人们摆脱贫困并满足其能源需求，就需要对低成本、低碳的核能进行大量投资。

目标 8“促进持久、包容和可持续的经济增长，促进充分的生产性就业和人人获得体面工作”：核电厂在建设过程中能够在建设厂区直接创造数千个工作岗位，并在供应链中创造了数千个间接工作岗位。核电厂的运营可为当地社区的人们提供数百个高技能工作岗位。此外，发展核电能够带来更广泛的投资，有利于地方经济发展。

目标 9“建设具备抵御灾害能力的基础设施，促进具有包容性的可持续工业化，推动创新”：通过创新设计使核反应堆能够在更广泛的地区建设和运行，并帮助电力以外的其他行业脱碳，例如高温堆能够替代化石燃料，为工厂提供工艺热，并可用于制氢。通过核燃料创新可以提高在运反应堆的运行绩效。

目标 10“减少国家内部和国家之间的不平等”：相对于化石燃料电厂，核电厂的总发电成本不易受燃料价格波动的影响，避免对低收入家庭产生严重影响，并且发展核能可以使能源有限的国家更好地管理本国的能源体系。

目标 11“建设包容、安全、有抵御灾害能力的可持续城市和人类居住区”：利用核能发电，可以为城市中的电动汽车提供电力，有助于减少交通领域的温室气体排放，并减少城市空气污染；核反应堆还可用于区域供暖，有助于减少化石燃料的使用及其造成的污染。

目标 12“采用可持续的消费和生产模式”：获得充足的能源供应使人们享有高质量的生活，以实现所有可持续发展目标。核电厂占地面积小、能量密度高、可生产大量电力，且燃料具有循环使用潜力。

目标 13“采取紧急行动应对气候变化及其影响”：人为排放

造成的气候变化影响广泛且持久，核电厂每年可避免超过 20 亿吨的二氧化碳排放，大规模发展核电能够帮助各国电力结构快速脱碳。

目标 14“保护和可持续利用海洋和海洋资源以促进可持续发展”：核反应堆可在不产生二氧化碳的情况下发电，有助于减少由燃烧化石燃料引起的海洋酸化；核技术可用于监测水生生态系统的健康状况。

目标 15“保护、恢复和促进可持续利用陆地生态系统，可持续管理森林，防治荒漠化，制止和扭转土地退化，遏制生物多样性的丧失”：核电厂占地面积小，能够在保护生物多样性方面发挥重要作用。

目标 16“创建和平、包容的社会以促进可持续发展，让所有人都能诉诸司法，在各级建立有效、负责和包容的机构”：《不扩散核武器条约》签署国均承诺推动核裁军并促进和平利用核能的国际合作；核技术可用于侦测武器和毒品。

目标 17“加强执行手段，重振可持续发展全球伙伴关系”：国际原子能机构、世界核协会、及各国核能行业协会等组织汇聚起来自各国核工业企业的代表，在共同感兴趣的领域开展工作，并与其他利益相关方沟通。①

① 摘自《核能对实现联合国可持续发展目标的贡献》。

第三节

我国的核能事业发展脉络

中国核工业经过 70 多年艰苦卓绝的奋斗，建立了世界上为数不多、比较完整的核工业产业体系。核电是核工业产业链皇冠上的明珠，从起步阶段就得到了党和政府的极大关注，体现了国家意志，代表着国家利益。

1. 创建核工业的战略决策

20 世纪 50 年代初，刚刚诞生的中华人民共和国面临着严峻的形势。一方面，人民政权接收的是旧中国遗留下来的“烂摊子”，经济和科学技术十分落后，百废待兴。另一方面，国外敌对势力不甘心其侵略政策在中国的彻底失败，他们除了在经济技术上对新中国实行全面封锁外，还在军事上严重地威胁新中国的安全。1950 年 6 月，美国发动了侵略朝鲜的战争，并且不顾中国政府的严重警告，把战火烧到中朝边境。1950 年 6 月 27 日，美国又悍然宣布派第七舰队侵入台湾海峡，武装侵略中国领土台湾。美国依仗手中的核武器，横行霸道，有的好战分子甚至叫嚣要对中国发动核战争，进行核恐吓。中国人民深深懂得，要反对核战争，粉碎核讹诈，保卫祖国安全，维护世界和平，中国就一定要有强大的国防，一定要有自己的核武器。

在国外，坚决反对美国讹诈政策的世界和平人士，也希望中国掌握核武器。1951 年 10 月，著名的国际和平战士、法国杰出的科学家约里奥 · 居里，得知中国放射化学家杨承宗准备离法回国参加祖国建设时，特地约见杨承宗，并对他说，你回国后，请转告毛泽东主席，你们要反对原子弹，你们必须要有原子弹。原子弹也不是那么可怕的。原子弹的原理也不是美国人发明的。居里夫人还将亲手制作的 10 克含微量镭盐的标准源送给杨承宗，作为对中国人民开展核科学研究的一种支持。①

帝国主义咄咄逼人的核威胁，世界人民反对核战争的殷切期望，都促使中国一定要发展核武器。1955 年 1 月 15 日，毛泽东在中共中央书记处扩大会议上作出了发展原子能事业的战略决策。随后，第二机械工业部（核工业部）成立，标志着中国核工业建设开始起步。

新中国的核工业创建与发展，大致经历了三个大的发展阶段。

一是从 1955 年中共中央决定创建核工业到 1978 年党的十一届三中全会，是以军为主的核工业创建与“两弹一艇”研制阶段。其主要特征是在人才和资源准备的基础上，进行核燃料循环体系的建立和成功研制发展核武器。

二是从党的十一届三中全会到 2012 年党的十八大，是核工业战略调整和核电崛起阶段，其主要特征是把重点转到为国民经济服务上来，核电成为发展的龙头。

三是从党的十八大至今，是核工业适应国家发展战略需要全面

① 王寿君，《中国核工业集团公司发展史（1955—2015）》，中国原子能出版社，2018 年 12 月版。

提升阶段，其主要特征是核安全高效发展，核燃料产业全面提升，核技术应用事业全面繁荣发展，参与“一带一路”建设，对外经济技术合作出现良好局面。[①]

70 多年的核工业发展，中国从一开始就制定了“不比数量，要争质量；适合国情，可以承受；不背包袱，持续发展；战略威慑，可靠有效”的发展方针，这就使两弹的发展与经济发展相一致，走出了一条中国特色的高效的发展道路。20 世纪 70 年代，针对当时国内外部分人对秦山核电站、广东大亚湾核电站建设的反对，邓小平就提出，积极发展核电、和平利用核能是加快国家经济建设、改善人民生活的重要途径和有效选择。党的十八大后，国家主席习近平先后于 2014 年、2016 年两次代表中国政府参加国际核安全峰会，并发表重要讲话，首次提出要“坚持理性、协调、并进的核安全观”和打造核安全命运共同体等重要理念，提出要充分认识原子的发现和核能的开发利用这一人类发展史上的重大变革和进步意义，即“原子的发现和核能的开发利用给人类发展带来了新的动力，极大增强了我们认识世界和改造世界的能力”。不能因为历史上发生过几次核事故就因噎废食而“弃核”，相反，核能具有清洁高效的优点，和平利用核能有助于优化能源结构、保障能源安全、保护生态环境、满足经济社会发展对能源的需求，具有经济的、生态的、社会的等多方面价值。“作为保障能源安全和应对气候变化的重要途径，和平利用核能事业，如同普罗米修斯带到人间的火种，为人类发展点燃了希望之火，拓展了美好前景。”[①]

① 中国工业经济联合会，中国核工业集团有限公司 . 中国工业史 核工业卷，北京：中共中央党校出版社，2021 年版，第 8 页。

2. 中国核电发展历程

我国核电发展起步较晚，但发展历程体现出涉及面广、决策层次高的特点。中国核电建设从 20 世纪 70 年代开始起步，大体经历了五个发展阶段，即起步发展阶段、适度发展阶段、积极发展阶段、安全高效发展阶段以及“十四五”核电发展新阶段。

（1）起步发展阶段（20 世纪 70 年代至 90 年代中期）

为了满足国民经济发展对能源的需求，充分发挥核工业在国家建设中的作用，从 20 世纪 70 年代初将核电建设提到议事日程上。

经过多年的发展，我国核电“开好头、起好步”，实现了开门红：1991 年 12 月 15 日，第一座由我国自主设计、自主建造的原型核电站秦山一期核电站（310MW）并网发电，实现了我国大陆核电“零”的突破。广东大亚湾核电站引进法国 M310 机型（2×984MW），由外国承包商提供技术与设备，并负总技术责任，中方参与工程建设管理，于 1994 年并网发电。在此阶段，根据我国核工业技术发展现状和经济合理的原则，选择以压水堆为主的技术路线，并采用了“国产化和引进再消化”两种模式。其中“国产化模式”，即由我国自己设计、自己制造为主，适当采用部分国外先进的设备和技术。秦山核电站一期、二期工程是该模式的成功典范，极大地提高了我国核电的科研、设计、制造、建设和生产运行水平。另一种“引进再消化模式”，即由国外提供成套核电设备，并提供相应的买方信贷，用建成发电后所获得的资金来偿还贷款，广东大亚湾核电是

① 刘镇江，习近平核安全观的伦理探究，《中国社会科学院研究生院学报》，2021 年第 2 期。

这个模式的践行者。在引进国外先进设备的同时引进先进技术和先进管理经验，不断增加国内制造厂家的设备分交比例，提升了我国核电设备制造能力，为我国自行建设大型先进核电机组创造了条件。

（2）适度发展阶段（20 世纪 90 年代中期至 2005 年）

20 世纪 90 年代中后期，我国先后又启动了四个项目（秦山第二核电站、广东岭澳核电站一期、秦山第三核电站和江苏田湾核电站）共八台机组的建设，装机容量 660 万千瓦，把核电发展推上了一个小批量建设的新台阶。1996 年，原国家计委核电办召开了“核电国产化和技术政策研讨会”，对核电发展的技术政策有了新的进展及调整，确定了我国核电发展两步走的技术路线，确定了国产化方针和自主化目标，确定了以核养核、滚动发展的方针。2000 年 10 月，党的十五届五中全会审议并通过《中共中央关于制定国民经济和社会发展第十个五年计划的建议》，明确提出“适度发展核电”。

为适应能源结构调整、满足电力需求的客观需要，从 2003 年起，国务院采取一系列措施，部署、推动我国核电加快发展。2003 年 10 月，国务院成立国家核电自主化领导小组，统一研究决定核电发展的重大问题；2004 年 3 月，同意启动秦山二期扩建和岭澳核电二期工程项目，同时决定抓紧开展三代核电技术的对外合作谈判；开展核电发展规划研究，初步提出到 2020 年建成 4000 万千瓦的规划目标。

（3）积极发展阶段（2005 年至 2010 年）

2005 年 10 月，党的十六届五中全会正式确定“积极发展核电”的方针，取代 2000 年党的十五届五中全会确定的“适度发展核电”

的方针。

2007 年 10 月国务院正式发布我国第一部《核电中长期发展规划（2005—2020）》，明确核电发展目标为 2020 年中国大陆核电装机容量将达到 4000 万千瓦，在建容量为 1800 万千瓦。自 2005 年底以来，国家先后核准了辽宁红沿河、福建宁德、福建福清、广东阳江、浙江方家山、浙江三门（AP1000）、山东海阳、广东台山（EPR）、海南昌江、广西防城港等 13 个核电项目，包括美法两国开发的 AP1000 和 EPR 三代机型均获准在中国开建。

（4）安全高效发展阶段（2010 年至 2020 年）

2010 年党的十七届五中全会明确提出“安全高效发展核电”方针。2011 年 3 月 11 日，日本福岛发生核事故，使得我国的核电建设陷入暂时的停顿，对我国能源发展部署决策产生了重要影响。2011 年 3 月 16 日，国务院常务会议明确指出：“调整完善《核电发展中长期规划》《核安全规划》批准前，暂停审批核电项目包括开展前期工作的项目。”同时会议强调，要充分认识核安全的重要性和紧迫性，核电发展要把安全放在第一位，形成国四条：“一是立即组织对我国核设施进行全面安全检查。二是切实加强正在运行核设施的安全管理。三是全面审查在建核电站。四是严格审批新上核电项目。”福岛核事故后，我国对《核电中长期发展规划（2005—2020）》进行调整完善，将核电目标调整为：到 2020 年建成 5800 万千瓦，在建 3000 万千瓦。

2012 年 10 月 24 日，国务院常务会议讨论通过《核电安全规划（2011—2020 年）》和《核电中长期发展规划（2011—

2020）》。会议对当前和今后一个时期的核电建设做出部署：一是稳妥恢复正常建设。合理把握建设节奏，稳步有序推进。二是科学布局项目。“十二五”时期只在沿海安排少数经过充分论证的核电项目厂址，不安排内陆核电项目。三是提高准入门槛。按照全球最高安全要求新建核电项目，新建核电机组必须符合三代安全标准。这标志着我国核电建设重启，核能发展稳步向前。

（5）“十四五”核电发展进入新阶段

2021 年 3 月 5 日，国务院总理李克强在第十三届全国人民代表大会第四次会议上作《政府工作报告》时提出，“在确保安全的前提下积极有序发展核电”。政府工作报告中用“积极有序”一词为“十四五”时期我国核电发展工作定调，将对我国核电产业实现高质量发展产生重要的推动作用。这是近十年来，政府工作报告在提及发展核电时首次用“积极”一词来表述，也是自 2017 年的政府工作报告中重申“安全高效发展核电”以来，再次在政府工作报告中明确提及核电发展，我国核电也将进入“积极有序发展”的新阶段。

“积极”意味着核电不再被动地作为填平补缺的电源品种，将主动发挥不可或缺的作用。随着能源电力系统清洁低碳化转型加快以及煤电的逐步退出，核电作为“零碳”能源体系的基荷电源，其支撑电网消纳高比例新能源的作用正愈发凸显，核电与风光等新能源协同发展的局面将加快形成，提升区域能源安全保障水平。

“有序”意味着核电建设将保持合理的发展节奏与布局，扭转核能发展不平衡不充分的局面。日本福岛核事故后，我国核电项目审批曾出现连续三年的断档期，导致我国“十三五”核电发展目标未能完成，产业配套能力下降，人才流失严重。“十四五”将是我国核电发展的关键期，在推动能源供给革命，建立清洁低碳能源供应体系的过程中，有序推动核电建设节奏平稳，保持核电建设的合理规模，避免出现大起大落的无序发展局面；有序推动核电布局由沿海省份到内陆省份，结合我国重大区域发展战略，打造沿海地区核电基地建设，稳妥推进内陆省份核电建设，优化区域布局；有序推进核电技术进步，按照核能发展“三步走”（热堆－快堆－聚变堆）技术路线，推进核能多用途利用示范项目落地，不断夯实和提高我国核电产业核心能力；有序提升产业配套能力，依托项目建设，加快核电装备制造、工程建设能力提升，培养专业的人才队伍，打造世界范围内的核电技术竞争力；有序推动国内国际市场开发，有序参与电力市场化交易，健全配套法规标准体系，结合国际需求，落实“一带一路”倡议，为构建新发展格局作出积极贡献。

3. 深化“一带一路”倡议推动全球核能可持续发展

随着我国改革开放的不断深入，核工业对外合作与交流迎来全新发展机遇。中国核工业贯彻国家开放发展战略，在对外交流与合作中积极探索，不断创新合作机制，对外合作交流范围不断扩大，层次不断提高，在改革开放以来的 30 多年中逐步形成了全方位、多渠道、宽领域、深层次的国际合作格局。

国际经验也表明，国家间的核能合作具有重要的政治和外交意义。以核电站为例，核电建设周期长，运行时间更长，相关国家间的合作是长期且可持续的。国际核电项目从洽谈、签订到完成建设，最少需要 10 多年，新建成的核电机组运行寿期一般为 60 年，寿期延续后运行时间可能还会延长 20 年左右。如果加上退役、乏燃料处理等，核电项目整个寿期接近 100 年。核能国际合作在政治上敏感，建设成本巨大，需要大量资金支持，只有相互信任达到一定程度的国家才会开展合作，同时通过核能合作也可以有效发展两国关系，将两国经济、能源、产业发展，甚至人民、社会、文化等方面的合作紧密联系在一起。[1]

习近平等党和国家领导人在出访时，多次将核电作为中国高科技技术产业的名片向世界推介。2015 年“华龙一号”在非洲推介时，国家主席习近平对南非前总统介绍“华龙一号”：“这是我们自己的技术，我们要把它推向非洲和全世界。”以核电项目为纽带，成就国家之间的“百年联姻”，将更有力地扩大对外开放，增强国际合作，促进合作共赢，为全球能源治理贡献核能方案，助力推动建设更加公平公正、均衡普惠、开放共享的全球能源治理体系。

2021 年 5 月，中国、俄罗斯两国元首亲自出席中俄核能合作项目田湾 7、8 号机组及徐大堡 3、4 号机组开工仪式，充分体现了两国元首对中俄能源合作的高度重视。习近平主席在开工仪式上强调，能源合作一直是两国务实合作中分量最重、成果最多、范围最广的领域，核能是其战略性优先合作方向，一系列重大项目相继建成投产。希望坚持安全第一，树立全球核能合作典范；坚持创新驱动，深化核能科技合作内涵；坚持创新驱动，深化核能科技合作内

① 房超，陈虹宇. 核能公众接受性: 研究、反思与对策，北京: 中国原子能出版社，2020 年版，第 3 页。

涵。习近平主席的讲话指明了新时代巩固提升国际能源合作的战略方向，为推动国际能源合作提质升级，加强全球能源治理合作，推动能源可持续发展提供了根本遵循。

第四节

核电在推进我国能源革命及实现“双碳”目标中的作用

未来十年，我国能源结构清洁化、低碳化转型的力度将进一步加大。清洁能源结构转型升级和碳达峰、碳中和目标为核电发展带来重要机遇。在此背景下，核电在我国能源革命及实现碳达峰、碳中和目标中的地位需要进行重新思考和理解。

1. 发展核电是保障我国能源安全供应的战略需要

经济社会发展对加快能源发展、增加电力供给，提出了更高要求。我国虽是能源大国，但人均能源资源占有率较低，分布也不均匀，能源结构长期以煤炭为主，随之带来一系列的资源开发、运输、排放问题，给我国节能减排、环境保护带来很大的压力。同时我国石油、天然气对外依存度逐年增大，较高的能源对外依存度及当前变幻莫测的国际形势，大大增加了我国油气资源进口的风险，进而影响我国的能源安全和国家安全。实现能源结构多元化、降低对单一能源品种的依赖，是全球各国共同的战略选择。核能作为一种清洁能源，技术已经成熟，安全可靠性得到了实践验证。发展核电可以改善我国的能源结构，提高能源供给能力，缓解运输压力，降低能源对外依存度，对提高能源效率和电网运行的安全可靠性，保障国家能源安全乃至经济安全，具有重要的战略意义。

2. 发展核电是实现碳达峰、碳中和目标的重要措施

核电能量密度大，生产过程中几乎不产生碳排放。据测算，一台百万千瓦级核电机组全生命周期实际温室气体排放量为 11.9 g CO_2/kWh，低于太阳能光伏发电，与风电相当；年度发电量接近 80 亿千瓦时，相当于减少二氧化碳排放 640 万吨，约等于 240 万辆家用小汽车的年度碳排放之和，相当于植树造林 1.8 万公顷，约等于 28 个西湖的面积，同时还减排二氧化硫等其他大气污染物，清洁低碳的优势十分明显。同时，核电运行稳定、可靠、换料周期长，适用于电网基本负荷及必要的负荷跟踪，是当前乃至未来一段时间内唯一可以大规模替代化石能源的基荷电源。以核电的稳定供应能力为基础支撑，通过与风光等可再生能源互为补充、协同发展，核电在构建以新能源为主体的新型低碳电力系统中的地位和作用将更加彰显。核电在我国能源结构中占比越高越有利于整个电网系统的安全，越有利于电网对风光等间歇性可再生能源的大比例消纳。

3. 发展核电是能源科技重大创新的重要支撑

核电是高科技战略产业，涉及 70 多个专业学科，科技创新的辐射带动作用巨大。据统计，我国“华龙一号”的研发，突破实现了 411 台核心装备的国产化，形成 700 余件专利，120 余项软件

著作权，3 项国际核电标准，促进了我国高端重大装备制造产业、相关服务业的发展，对材料、冶金、化工、机械、电子、仪器制造等几十个行业的技术水平具有显著拉动作用。在新时期，大力发展先进核能技术，抢占世界科技前沿，将有助于我国解决“卡脖子”问题，实现高水平科技自立自强，为构建新发展格局、实现高质量发展提供强大动力。

4. 发展核电是构建新发展格局的重要途径

在“双碳”目标下，能源系统紧迫的低碳转型需要发展新的产业，来化解因煤电项目逐步退出而导致的转岗就业压力激增、影响地方经济增长等潜在风险。核电项目一次性投资金额大、产业链条长，有助于畅通国内大循环，有望成为培育新经济增长点的重要产业。一台百万千瓦级核电机组，建设投资约 200 亿元，可提供就业岗位近万个，全生命周期对产业链贡献高达上千亿元，有助于扩大有效投资。核电项目也是打通国际大循环的有效手段。特别是碳中和正成为世界主要国家的新共识，核电有望成为推动应对气候变化国际合作的新内容。以核电项目为纽带，成就国家之间的“百年联姻”，将更有力地扩大对外开放，增强国际合作，促进合作共赢，为全球能源治理贡献核能方案，助力推动建设更加公平公正、均衡普惠、开放共享的全球能源治理体系。

第 2 章

核电是核能和平利用的主导形式

第 2 章

核电是核能和平利用的主导形式

核能也称原子能，是原子核中的核子重新分配时释放出来的能量，也可以说是原子核结构发生变化时放出的能量，包括裂变能和聚变能两种主要形式。裂变能是重金属元素的原子核通过裂变而释放的巨大能量。而聚变能是两个较轻的原子核聚合为一个较重的原子核时释放出的能量。

目前核能发电利用的是裂变能，发生核裂变时会伴随产生放射性。核电厂运行过程中，正常情况下，放射性物质会被牢牢地包裹在核电厂内，不会对厂外居民和环境造成威胁。但因为技术特点问题，核能的和平利用也始终与核安全紧密联系。当一座座核电站拔地而起，人们会赞扬核电是安全、清洁、绿色的能源。然后由于众所周知的一些核事件，人们对核电的认识经历了一个曲折的历程，全球和中国的核电事业也在接受挑战中持续发展、壮大。

第一节

核能发电的基本原理

1. 基础知识

（1）原子结构

原子由带正电荷的原子核和绕核运动的与核电荷数相同的电子所组成（见图2-1）。50万个原子排列起来才相当于一根头发的直径。

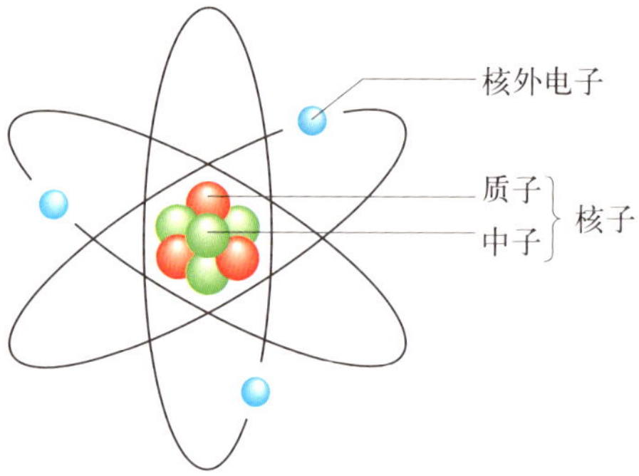

图 2-1 原子结构示意图

（2）原子核

原子核（见图 2-2）是原子的核心部分，它带正电，是质子和中子（总称核子）的紧密结合体，占有原子质量的绝大部分，但直径不及原子直径的万分之一，只有 10^{-15} ~ 10^{-14} 米。如果把原子比作一座巨大的宫殿，其原子核的大小只是一颗黄豆，而电子相当于一根大头针的针尖。

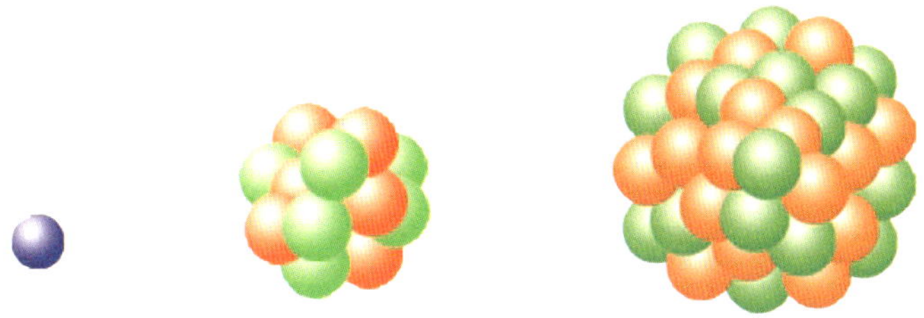

图 2-2　原子核结构示意图

（3）核能的产生

1905 年，爱因斯坦在其著名的相对论中指出，质量只是物质存在的形式之一；另一种形式就是能量。质量和能量相互转换的公式是：$E = mc^2$。

这一公式表明，质量可转化为巨大的能量，揭示了核能来源的物理规律。

1938 年，德国化学家哈恩和施特拉斯曼发现了易裂变核素铀 -235 的核裂变现象。铀 -235 原子核裂变前后，发生质量变化的同时，释放出巨大的能量，这一规律的发现，使核能的利用走向现实。

铀 -235 原子核裂变前后质量会发生变化，裂变反应引起的质量亏损为 0.2144 原子质量单位，这 0.2144 原子质量单位的质量亏损就是以动能和辐射能形式释放的能量 E（最后基本上都转化为热能）。

裂变反应前的质量（铀 -235 原子核加上 1 个中子）	236.0526 原子质量单位
裂变反应后生成物的质量（氪 -94、钡 -139 的原子核及 3 个中子）	235.8382 原子质量单位
裂变反应引起的质量亏损	0.2144 原子质量单位

事实上，核能通过两种方式释放能量：裂变、聚变。人类对裂变能利用的比较多，主要利用它的链式反应。原子核衰变时释放出能量，是裂变的一种方式。这个衰变主要指的是 α 衰变、β 衰变和 γ 衰变。

一个铀 -235 核的平均裂变能约为 193 兆电子伏特，加上裂变产物衰变放出的能量和过剩中子非裂变俘获产生的能量，每个铀 -235 原子核裂变，平均释放的总能量约为 200 兆电子伏特。链式裂变反应释放出巨大的核能，1 千克铀 -235 裂变释放的能量约相当于 2700 吨标准煤燃烧释放的能量。

（4）链式反应和临界

用中子轰击铀 -235 原子核，它会分裂成 2 个（偶尔 3 个）较轻的原子核，同时释放出 2 个（有时 3 个）新中子，并释放出很大的能量（见图 2-3）。

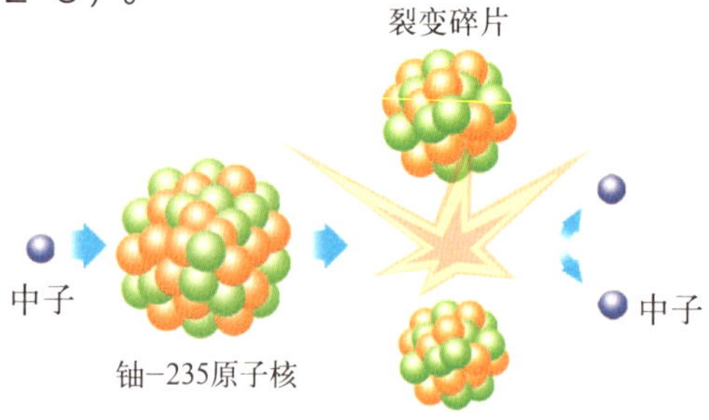

图 2-3　裂变反应示意图

扫描二维码
了解更多

核裂变放出的中子有三条出路：1）飞走；2）被无效吸收，不引起新的裂变；3）被铀 -235 原子核吸收引起新的裂变。如果第三条出路的中子数目是 1，裂变反应就会继续下去，称为“链式反应”（见图 2-4）。如果大于 1，反应就越来越强，如果小于 1，反应就越来越弱。设法增减第二条出路的中子数，就可对链式反应加以控制。

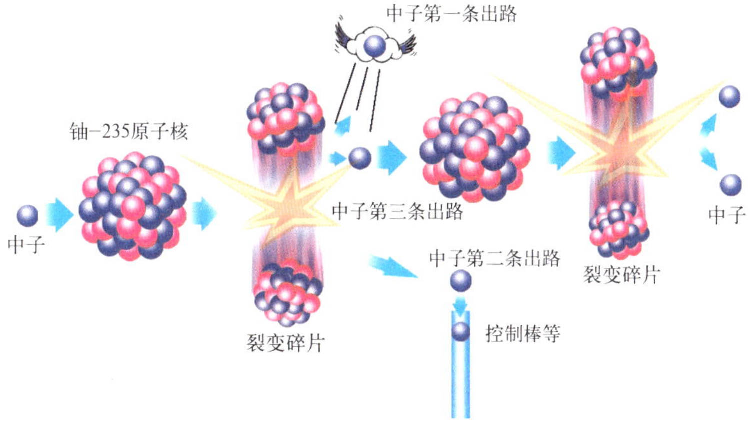

图 2-4 链式裂变反应示意图

要维持链式反应，第一条出路的中子数不能太多，为此，按一定比例和一定布置的裂变物质和其他物质只有达到某个体积时，才有可能维持链式反应，这个体积称为“临界体积”，其中所含的裂变物质的质量称为“临界质量”。

（5）核反应堆

1942 年，世界第一座核反应堆（见图 2-5）由以费米为首的一批科学家在美国芝加哥大学建成，首次实现了人类历史上铀核的可控自持链式裂变反应。核反应堆是使核能以可控方式释放的装置。

人们建造核裂变反应堆的目的有以下两个：

1）把它当作一个“中子源”，利用裂变产生的大量中子以生产军用与民用同位素，或开展科学研究及实验；

2）将它当作一个“热源”，利用核反应释放的热量以供热、发电或提供动力。

也有将上述目的集于一体的反应堆。

图 2-5　世界上第一座反应堆

2. 核电站堆型介绍

（1）核电站

核电站与常见的火力发电厂一样，都用蒸汽推动汽轮机做功，带动发电机发电。它们的主要不同在于蒸汽供应系统，核电站用反应堆代替了火电厂的锅炉。火电厂依靠燃烧化石燃料（煤、石油或天然气）释放的化学能制造蒸汽，核电站则依靠核反应产生的核能来制造蒸汽。目前世界上核电站采用的反应堆有压水堆（见图 2-6）、沸水堆、重水堆、快中子堆以及高温气冷堆等，其中 70% 是压水堆。

核电站由核岛（主要是核蒸汽供应系统）、常规岛（主要是汽轮发电机组）和电站配套设施三大部分组成。核燃料在反应堆内产生的裂变能，主要以热能的形式出现。它经过冷却剂的载带和转换，最终用蒸汽或气体驱动涡轮发电机组发电。核电站所有带强放射性的关键设备都安装在反应堆安全壳厂房内，以便在失水事故或其他严重事故下限制放射性物质外逸。为了保证堆芯核燃料在任何情况下得到冷却而免于烧毁熔化，核电站设置有多项安全系统。

圆柱形的建筑物为核岛，安装了核反应堆及一回路系统

灰色立方体建筑物为燃料厂房

蓝色的建筑物为常规岛，安装了汽轮机发电机组

图 2-6 压水堆核电厂外貌

（2）核电站的主要堆型

1）压水堆

压水堆是在军用堆基础上发展起来的，它主要由核岛和常规岛组成。核岛主要设备有反应堆压力容器、蒸汽发生器、反应堆冷却剂泵（主泵）、稳压器等一回路系统设备，以及为支持一回路系统正常运行和保证反应堆安全而设置的辅助系统。常规岛主要有汽轮

机、发电机、凝汽器、高低压加热器组等二回路系统设备，其形式与常规火电厂类似。

压水堆核电站工作原理：高压的一回路水在反应堆内被核能加热，温度升高，它在蒸汽发生器内将二回路水加热，生成蒸汽，推动汽轮发电机组发电（见图 2-7）。

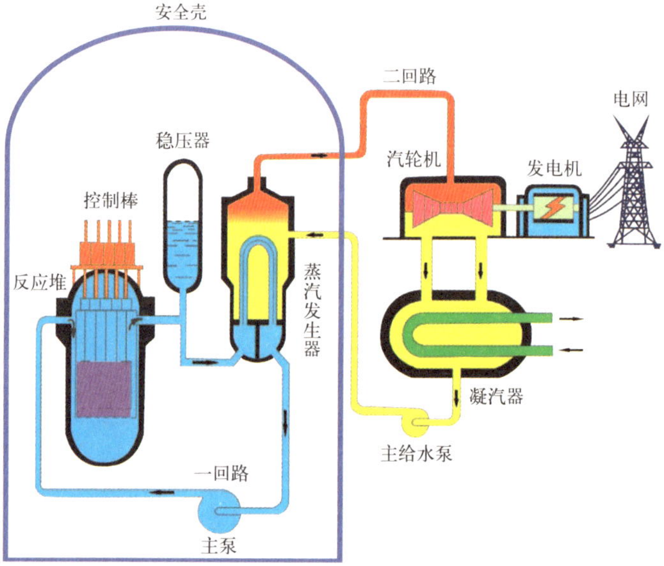

图 2-7　压水堆核电站工作原理图

扫描二维码
了解更多

2）重水堆

重水堆是以重水作慢化剂的反应堆（见图 2-8），可用轻水或重水作冷却剂。重水具有中子吸收截面小而慢化性能好的特点，可直接利用天然铀作反应堆核燃料。可以实现不停堆换料。然而，重水的价格较贵，以往重水反应堆的建造和发展不如轻水堆普遍。近期，随着重水生产技术的改进，以及重水堆技术发展和运行经验的积累，特别是考虑到利用天然铀燃料不需要建造代价很高的铀富集工厂，发展中国家更多选择利用自己的核燃料资源。

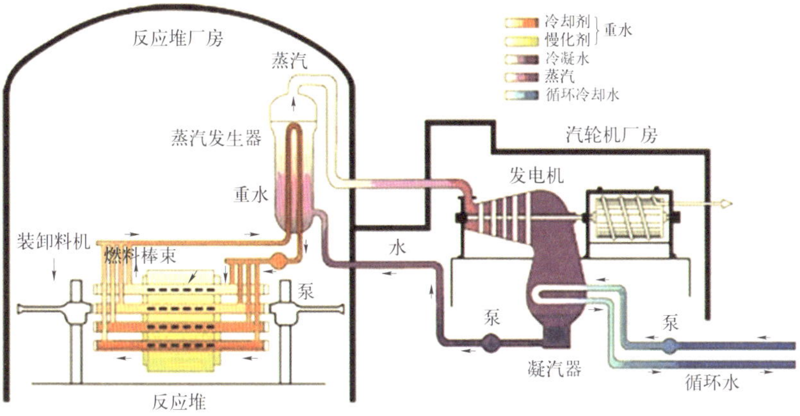

图 2-8　重水堆核电站简化流程图

重水堆核电站是发展较早的核电站，有多种类别，但已实现工业规模推广的只有加拿大发展起来的坎杜型（CANDU）压力管式重水堆核电站。拥有重水堆核电机组最多的国家是加拿大，韩国、阿根廷、印度、罗马尼亚等也有少量重水堆核电机组，我国秦山第三核电站两台机组采用 CANDU-6 重水堆技术。

3）高温气冷堆

高温气冷堆（见图 2-9）是采用包覆颗粒燃料、石墨作中子慢化剂、高温氦气作为冷却剂的热中子堆。这种反应堆采用了陶瓷燃料和耐高温的石墨结构材料，堆芯功率密度低，固有安全性高，其发电热效率较高。

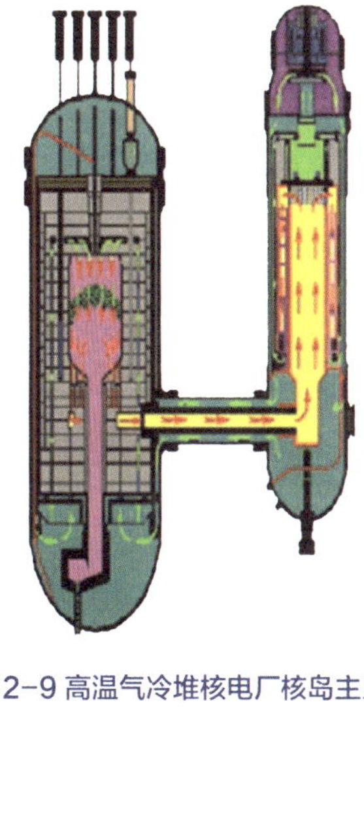

图 2-9 高温气冷堆核电厂核岛主系统

高温气冷堆可为钢铁、燃料、化工等工业部门提供高温热能，实现制氢、石油和天然气裂解、煤的气化等新工艺，开辟综合利用核能的新途径。

20 世纪 60 年代中，英国、美国和德国研究发展高温气冷堆并先后建成功率规模较小的原型高温气冷堆核电站，并在此基础上提出商业应用核电站方案。后由于技术经济原因，至今尚未建成商业化高温气冷堆核电站。高温气冷堆有高热效率和固有安全特点，已被列入第四代核能推荐堆型。美国的下一代核电站项目（NGNP）拟采用高温气冷堆。我国高技术研究发展计划（863 计划）中，清华大学设计建造了热功率为 10 兆瓦的实验性高温气冷堆，在此基础上，国家科技重大专项——全球首座球床模块式高温气冷堆核电示范工程（HTR-PM）已于 2012 年 12 月开工，2021 年 12 月 10 日建成并网发电。

4）快中子堆

快中子堆简称快堆（见图 2-10），是由快中子引起链式裂变反应并可实现核燃料增殖的反应堆，是第四代核电技术之一。快中子堆在运行中既消耗易裂变材料，又生产新易裂变材料，而且所产可多于所耗，能实现核易裂变材料的增殖。

目前，世界上已商业运行的核电站堆型，如压水堆、沸水堆、重水堆、高温气冷堆等都是非增殖堆型，主要利用易裂变燃料，即使再利用转换出来的钚 -239 等易裂变材料，它对铀资源的利用率也只有 1% ~ 2%。但在快中子堆中，铀 -238 原则上都能转换成钚 -239 而得以使用，但考虑到各种损耗，快中子堆可将铀资源的利用率提高到 60% ~ 70%。

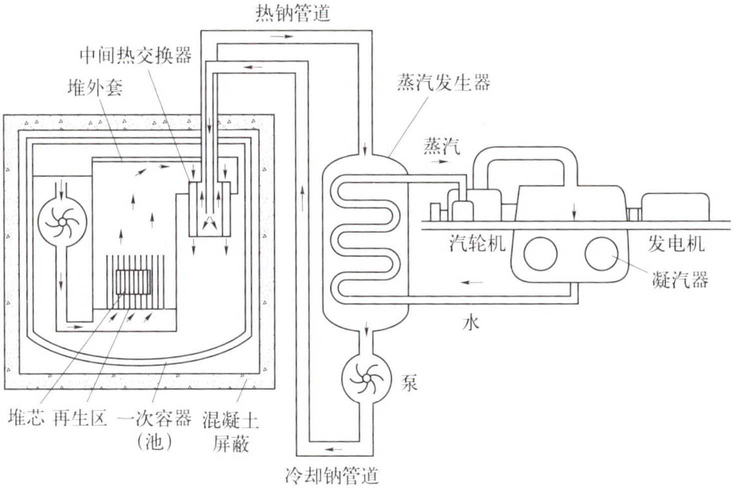

图 2-10 快堆核电站工作原理图

1992 年 3 月，我国快中子堆被列入我国高技术研究发展计划（863 计划），中国试验快堆是目前世界上为数不多的具备发电功能的实验快堆，其主要系统设置和参数选择与大型快堆电厂相同。其并网发电标志着我国成为继美、英、法、俄等国之后，世界上第八个拥有快堆技术的国家。在长达 20 多年的实验快堆研发过程中，我国已经取得了一批创新成果和专利，培养了一批技术人才队伍。并在此基础上，着手研发百万千瓦级大型快堆核电站技术。

5）沸水堆

沸水堆（见图 2-11）是以沸腾轻水为慢化剂和冷却剂并在反应堆压力容器内直接产生饱和蒸汽的动力堆。沸水堆与压水堆同属轻水堆，都具有结构紧凑、建造费用低和负荷跟随能力强等优点，都需使用低富集铀作燃料。

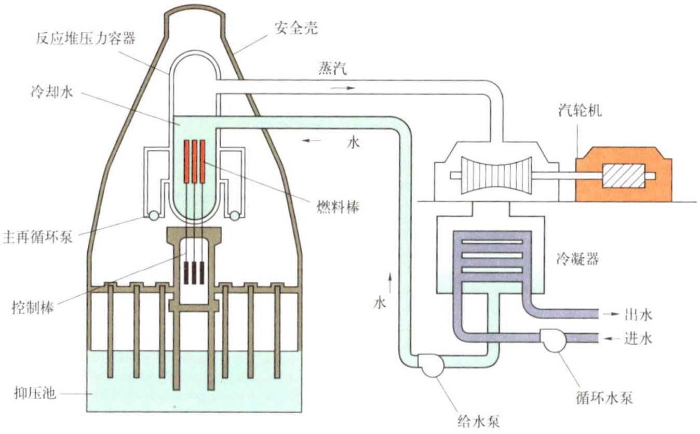

图 2-11　沸水堆核电站工作原理图

沸水堆核电站系统有：主系统（包括反应堆）；蒸汽－给水系统；反应堆辅助系统等。

沸水堆核电站工作原理是核燃料棒在反应堆堆芯发生可控的链式反应，产生大量热量；这些热量传递给反应堆压力容器内的水，水被加热后产生蒸汽，直接推动蒸汽涡轮发电机产生电能。这个回路里的水，在反应堆运转后是沸腾的，蒸汽通过涡轮发电机后需要进入一个凝汽器，凝汽器引入海水进行冷却。

沸水堆与压水堆相比，属于单循环反应堆，沸水产生的蒸汽用来直接推动汽轮机，不像压水堆那样有蒸汽发生器隔离。万一发生故障，蒸汽里就带有放射性物质，设计上的安全性较弱。

（3）我国已采用和正在研发的主要核电技术

我国核电技术坚持“以我为主，中外合作”的方针，通过引进技术、消化吸收再创新，稳步推进自主品牌建设，我国已具备百万千瓦级压水堆核电机组自主设计、建造、运行、管理能力和相应的研发体系。

1）CNP 系列及 ACP1000 压水堆技术

CNP 系列压水堆技术自秦山核电（见图 2-12）开始，通过引进技术、中外合作消化吸收，不断创新，走中国自主品牌的道路，并积极开拓海外市场。经过几十年努力，我国已经形成了 CNP300、CNP600、CNP1000 以及 ACP1000 等一系列核电品牌。其中 CNP 系列压水堆技术已在秦山一期、秦山二期、昌江核电、福清核电、方家山核电等工程应用。

图 2-12 秦山核电基地全貌

ACP1000 是在 CNP 系列压水堆技术基础上，中核集团自主设计的百万千瓦级商用压水堆核电技术，已达到先进压水堆技术指标要求。其主要性能设计目标为：电功率 110 万千瓦，设计寿命 60 年，堆芯热工裕量大于 15%，堆芯损坏概率小于 1×10^{-5}/ 堆年[①]，大量放射性物质释放概率小于 1×10^{-6}/ 堆年，满足核安全法规要求；采用能动加非能动的安全系统设计，双层安全壳，完整的严重事故预

① 1 个堆年相当于核电站中的 1 个反应堆运行 1 年。

防和缓解措施，机组可利用率大于90%，换料周期为18 ~ 24个月，极限安全地震动参数为0.3*g*（*g*指重力加速度），建设周期目标小于56个月。

2）CPR1000及ACPR1000+压水堆技术

CPR1000是在大亚湾核电站和岭澳核电站一期的技术基础上，根据运行经验反馈，进行多项改进的压水堆技术，它的出现使其应用的核电站安全性和经济性进一步提高。岭澳核电站二期（见图2-13）采用CPR1000技术，已经建成投产。后续的红沿河、宁德、阳江、防城港四个核电项目的一期工程均采用了CPR1000压水堆技术。

ACPR1000是在CPR1000技术基础上做了适当的改进（如具有比较完整的严重事故预防和缓解措施等），已应用于阳江核电5、6号机组。

图2-13　岭澳核电站二期

进一步改进的ACPR1000+技术已达到先进压水堆技术指标要求。主要性能设计参数为：电功率115万千瓦，设计寿命60年，堆芯热工裕量大于 15%，堆芯损坏概率小于 1×10^{-5}/ 堆年，大量放射性物质释放概率小于 1×10^{-6}/ 堆年，满足核安全法规要求；采用双层安全壳及完整的严重事故预防和缓解措施，机组可利用率大于 90%，换料周期为 18 ~ 24 个月，建设周期目标小于 50 个月。

3）法国 M310 压水堆技术

大亚湾核电站（见图 2-14）、岭澳核电站一期均采用了法国 M310 技术。大亚湾核电站是我国大陆第一座百万千瓦级大型商用核电站；岭澳核电站一期以大亚湾核电站为参考电站，结合经验反馈和核安全技术发展要求，通过重大技术改进建成。岭澳核电站的建设实践为进一步提高电站安全水平和技术经济性能提供了经验，岭澳核电站一期实现了自主建设管理，总体性能达国际同类型在运核电站的先进水平。

图 2-14　大亚湾核电站

4）美国 AP1000 压水堆技术

我国浙江三门核电（见图 2-15）和山东海阳核电站均采用

AP1000 核电技术。AP1000 是美国西屋公司开发的一种两环路、非能动安全系统的压水反应堆核电技术，其主要特点是系统简化、非能动安全、数字化仪控和模块化建造。其采用非能动安全系统，主要包括非能动堆芯冷却系统（PXS）、非能动安全壳冷却系统（PCS）、非能动余热排出系统等。

图 2-15 三门核电

其主要性能指标为：电功率 125 万千瓦，设计寿命 60 年，堆芯热工裕量大于 15%，堆芯损坏概率小于 1×10^{-5}/ 堆年，大量放射性物质释放概率小于 1×10^{-6}/ 堆年，满足核安全法规要求（据美国西屋公司计算，堆芯损坏概率小于 5.08×10^{-7}/ 堆年，大量放射性物质释放概率小于 5.94×10^{-8}/ 堆年），机组可利用率大于 93%，换料周期为 18 个月。

5）欧洲压水堆技术 EPR

台山核电站（见图 2-16）采用 EPR 核电技术建设，是中法两国在核能领域的最大合作项目。

图 2-16　台山核电站

EPR 为单堆布置四环路机组，双层安全壳。EPR 核电技术是根据法国现役核电站的设计、建设和运行经验进行了改进，增加安全系统多重性，增大了单机容量。

其主要性能指标为：设计寿命 60 年，电功率 175 万千瓦，堆芯热工裕量大于 15%，堆芯损坏概率小于 1×10^{-5}/ 堆年，大量放射性物质释放概率小于 1×10^{-6}/ 堆年，满足核安全法规要求（据计算，堆芯损坏概率小于 1.18×10^{-6}/ 堆年，大量放射性物质释放概率小于 9.6×10^{-8}/ 堆年），机组可利用率大于 92%，换料周期为 18 个月。

6）俄罗斯 VVER 压水堆技术

田湾核电站一、二期项目（见图 2-17）引进了俄罗斯 VVER 压水堆核电技术，采用了双层安全壳，设置堆芯熔融物捕集和冷却系统，全数字化反应堆仪控系统等，安全和技术设计基本达到先进压水堆核电技术水平。其主要性能指标为：设计寿命 40 年，内部事件堆芯损坏概率 3.3×10^{-6}/ 堆年，机组可利用率大于 80%，换料周期为 12 个月。

图 2-17 田湾核电站

2021 年 5 月 19 日，中俄核能合作项目——田湾核电站 7、8 号机组和徐大堡核电站 3、4 号机组正式开工，两国领导人通过视频连线共同见证。四台核电机组均采用俄罗斯三代核电 VVER-1200 堆型，与 VVER-1000 技术相比，VVER-1200 经济性和安全性更高：机组电功率比 VVER-1000 提高了 20%；主设备包括反应堆压力容器和蒸汽发生器的寿命从 30 年延长到 60 年；高度自动化和新技术的使用，使机组运行人员数量大幅下降，与 VVER-1000 相比减少了 30% 至 40%。

7）加拿大 CANDU-6 重水堆技术

秦山第三核电站（见图 2-18）采用了加拿大 CANDU-6 技术，是中国和加拿大两国政府基于和平合作利用核能的最大项目，也是我国唯一一座重水堆核电站。其主要特点是采用天然铀和不停堆换料，设计寿命40年，创造了国际重水堆核电站建设周期最短的纪录，有力促进了中加经济合作。

图 2-18 秦山三期重水堆核电站

与压水堆相比，重水堆还具有了“经济利用回收铀、实现钍资源核能利用、规模化同位素生产”等独特的技术优势。秦山核电生产的钴源，打破国外垄断，扭转了长期以来国内钴源市场供不应求、价格奇高的局面。

8）“华龙一号”（HPR1000）自主三代压水堆技术

“华龙一号”（HPR1000）是中核集团和中广核集团立足于我国核电30多年的设计、建造和运行经验，根据福岛核事故经验反馈以及全球最新安全要求，研发的先进百万千瓦级压水堆核电技术，具有完全自主知识产权的三代压水堆核电创新成果，是中国核电走向世界的“国家名片”，是中国核电创新发展的重大标志性成果。2021年1月30日，“华龙一号”全球首堆——中核集团福清核电（见图2-19）5号机组投入商业运行，创造了全球第三代压水堆核电首堆建设的最佳业绩，标志着我国在三代核电技术领域跻身世界前列。2021 年 5 月 20 日，“华龙一号”海外首堆——巴基斯坦卡拉奇 2 号机组投入商运，标志着我国自主三代核电“走出去”不仅可能而且可行。

图 2-19　福清核电 5 号、6 号机组

“华龙一号”以“177 组燃料组件堆芯”“多重冗余的安全系统”“能动与非能动相结合的安全措施”和“双层安全壳”为主要技术特征，采用世界最高安全要求和最新技术标准，充分依托我国已成熟的核电装备制造业体系和能力，采用经验证的成熟技术，实现了集成创新。“华龙一号”首堆的设备国产化率达 88%，完全具备批量化建设能力。“华龙一号”的堆芯熔化概率小于 10^{-6}/ 堆年，大规模放射性物质释放概率小于 10^{-7}/ 堆年，设计寿期 60 年，换料周期 18 个月。

9）“国和一号”（CAP1400）压水堆技术

“国和一号”（见图 2-20）（CAP1400）是在消化、吸收、全面掌握我国引进的第三代先进核电 AP1000 非能动压水堆核电技术的基础上，依托工程项目平台实践以及国家大型先进压水堆核电站重大专项开发的、具有完全自主知识产权的大型先进非能动压水堆核电型号，具有“安全系数高、经济性能好、创新成果多”等诸多优势。目前，“国和一号”示范工程两台机组正在山东荣成石岛湾建设中。

图 2-20 “国和一号”核电机组结构示意图

“国和一号”研发工作从 2008 年正式启动，历时 12 年科研攻关，477 家机构、26000 余名技术人员参与。在安全性上，“国和一号”基于多层防御体系，系统性应用“非能动”和“简化”理念，并经过了完整的试验验证。在经济性上，“国和一号”成功打破了多项技术垄断，主泵、爆破阀、压力容器、蒸汽发生器、堆内构件、控制棒驱动机构等一批关键设备、关键材料全部实现自主化设计和国产化制造，设备整体国产化率达到 90% 以上。

10）HTR-PM 高温气冷堆技术

HTR-PM 高温气冷堆（见图 2-21）由清华大学在 HTR-10 的基础上自主开发，采用包覆颗粒燃料，用石墨作中子慢化剂和堆芯结构材料，高温氦气冷却的球床模块式气冷堆。高温气冷堆具有固有安全、模块化设计与建造和多用途等特性，其主要性能指标为：额定电功率 21 万千瓦，设计寿命 40 年。国家科技重大专项——高温气冷堆核电站示范工程是我国核电自主创新重大标志性工程，装机容量 20 万千瓦，于 2012 年底在山东荣成开工建设，是我国具有完全自主知识产权、世界首座具有第四代先进核能系统特征的球床模块式高温气冷堆。2021 年 12 月 20 日，高温气冷堆核电站示范工程 1 号反应堆完成发电机初始负荷运行试验评价，首次并网成功。

图 2-21　高温气冷堆核电站

11）CFR 快堆技术

快堆是第四代先进核能系统主力堆型，它可将天然铀资源利用率从目前的约 1% 提高至 60% 以上，并实现放射性废物最小化，能一举解决铀矿资源枯竭、核材料利用率低和核废料难以处理等问题。中国实验快堆（见图 2-22）是我国第一座快堆，其热功率为 6.5 万千瓦，电功率 2 万千瓦，采用钠 - 钠 - 水三回路设计，一回路为一体化池式结构。中国实验快堆于 1992 年 3 月获国务院批准立项，2000 年 5 月开工建设。2011 年 7 月 21 日成功实现并网发电。

图 2-22　中国实验快堆

2017 年 12 月 29 日，中核集团在福建省霞浦县宣布示范快堆工程土建开工。示范快堆工程采用单机容量 60 万千瓦的快中子反应堆，计划于 2023 年建成投产。2020 年 12 月 27 日，示范快堆工程 2 号机组开工建设，开创了示范快堆工程双机组同步建设新局面，为促进我国核能战略“十四五”高质量发展注入了“快堆力量”。

12）“玲龙一号”小堆型

按照国际原子能机构的定义，小型堆是指电功率 30 万千瓦以下的反应堆。区别于传统核电技术，模块式小型堆技术具有小型化、模块化、一体化、非能动的特点，安全性高，建造周期短，部署灵活，可以作为清洁的分布式能源，供电的同时可满足海水淡化、区域供暖 / 冷、工业供热等多种用途，适用于园区、海岛、矿区、高耗能企业自备能源等多种场景应用。

2021 年 7 月 13 日，海南昌江多用途模块式小型堆科技示范工程项目正式开工建设。小堆示范项目采用中核集团的“玲龙一号”（见图 2-23）小型堆核电机组技术，该技术是中核集团通过十余年自主研发并具有自主知识产权的多功能模块化小型压水堆堆型，是继中核集团第三代核电“华龙一号”后的又一自主创新重大成果。

图 2-23 “玲龙一号”效果图

与“华龙一号”这样的第三代大型反应堆主要用于核能发电不同，“玲龙一号”主要是核能综合利用，“玲龙一号”除了可以发电以外，还可实现核能的多用途，比如可以给城市供热、提供工业蒸汽、海水淡化、石油开采等不同需求，适用于园区、海岛、矿区、高耗能企业自备能源等多种场景应用。“玲龙一号”单台机组容量为 12.5 万千瓦，建成后年发电量可达 10 亿千瓦时，满足 52.6 万户家庭生活所需。它的推广应用可以大大减少我国化石能源的消耗、促进节能减排，对于推动核电安全发展和自主创新，为海南自贸港和生态文明示范区建设提供绿色能源保障具有重要意义。

13）燕龙供热堆

“燕龙”泳池式低温供热堆（以下简称供热堆，见图 2-24）是中核集团自主研发的 400WM 低温供热核反应堆，其原理是将反应堆堆芯放置在一个常压水池的深处，利用水层的静压力提高堆芯出口水温以满足供热要求。热量通过两级交换传递给供热回路，再通过热网将热量输送给千家万户。该反应堆的供热面积可达 2000 万平方米，相当于同时为 20 万户三居室供热，预计每年可替代 32 万吨燃煤或 16 000 万立方米燃气，对比同等规模的燃煤供热站可减少排放烟尘 3200 吨，减少灰渣 10 万吨，减少排放二氧化碳 52 万吨，减少排放二氧化硫 6000 吨，减少排放氮氧化物 2000 吨；对比天然气可减少排放二氧化碳 26 万吨，减少排放氮氧化物 1000 吨，而放射性释放仅为燃煤排放的 2% 左右，环保效益显著，且运输压力大大降低，为北方地区清洁、高效、多元供暖体系提供了一种全新选择。

图 2-24 “燕龙供热堆”效果图

该供热堆可以替代化石能源为北方采暖地区城市供热，极大缓解北方城市采暖期雾霾问题，同时泳池式低温供热堆还具有安全性高、适用性广、建设周期短、一次性投入低等特点，是替代燃煤热电厂、供热锅炉的良好选择，具有广阔市场前景。将其作为城市供热的基础热源，不仅可以有效改善我国能源结构，缓解日趋严重的能源供应紧张局面，而且对于我国应对气候变化、治理大气污染具有重要意义。

第二节

世界能源情况与核电发展现状

1. 世界能源情况

（1）世界能源现状

根据《BP 世界能源统计年鉴 2021》统计，2020 年受新冠肺炎疫情影响，全球能源消费量为 557.1 艾焦（1 艾焦 $=10^{18}$ 焦 =0.3412 亿吨标准煤），约合 190.1 亿吨标准煤，较上一年下降 4.5%，这是自二战结束以来的最大降幅，其中石油消费下降是造成全球一次能源消费大幅下降的主要因素。相应地，全球碳排放量也同比下降了 6.3%，是自 1945 年以来的最大降幅。化石能源仍是能源消费领域的绝对霸主，占比高达 83.1%，石油消费占比在全球能源消费结构中仍高居榜首——31.2%，煤炭的占比为 27.2%，天然气为 24.7%，水能为 6.9%，可再生能源为 5.7%，核能为 4.3%（见图 2-25）。

2020 年，世界发电量为 26.82 万亿千瓦时，其中煤电依然是最主要的发电来源，占总发电量的 35.1%，其次为气电、水电、核电，占比分别为 23.4%、16.0% 和 10.1%。世界发电结构继续向清洁化转型，2020 年太阳能和风能的装机容量共增加了 2.38 亿千瓦，超过以往任何一年的新增装机容量；同时，风能和太阳能电力在全球电力结构中的占比创下有史以来的最大增幅。2010 年至 2020 年的全球电力生产份额变化中，世界清洁能源由 4% 上升至 12%，煤炭由 40% 下降至 35%，可再生能源在一定程度上挤占了石油煤炭的空间。

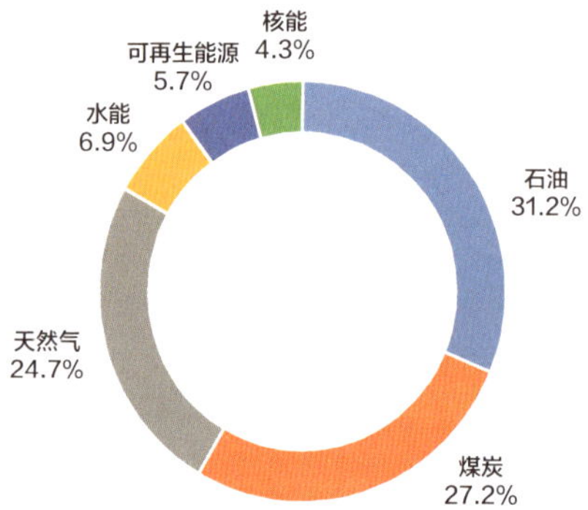

图 2-25　2020 年全球一次能源消费结构

2021 年以来，随着世界主要经济体逐渐从新冠肺炎疫情中恢复，能源需求持续增加。据国际能源署预计，全球能源需求将同比增长 4.6%，超过 2019 年水平。其中，石油需求同比增长 6%、煤炭需求同比增长 4.5%、天然气需求同比增长 3.2%、可再生能源需求同比增长 8%。但是能源供给恢复迟滞于需求增长，加之库存不足、极端气候、全球通胀和能源结构转型等多种因素叠加影响，全球能源短缺现象加剧，欧洲多国深陷能源危机，英国尤甚。英国多家天然气供应商申请破产，大型电力供应商停止接受新客户，近一半加油站一度没有汽油供应。此外，与能源相关的钢铁、化工、化肥和食品等行业也出现停工停产现象。除欧洲外，美国，日本、印度、黎巴嫩等亚洲国家，巴西、委内瑞拉等南美洲国家也出现不同程度的能源短缺，大面积停限电现象频发。

据国际能源署信息显示，2020年全球能源需求同比增长4.6%。其中，石油需求同比增长6%、煤炭需求同比增长4.5%、天然气需求同比增长3.2%、可再生能源需求同比增长8%。欧洲多国深陷能源危机。英国多家天然气供应商申请破产、大型电力供应商停止接受新客户、近一半加油站一度没有汽油供应。此外，与能源相关的钢铁、化工、化肥和食品等行业也出现停工停产现象。除欧美外，日本、印度、黎巴嫩等亚洲国家，巴西、委内瑞拉等南美洲国家也出现不同程度的能源短缺，大面积停限电现象频发。

（2）世界能源展望

当前，全球能源加速向绿色低碳方向转型，越来越多的国家行动起来，设定各自的碳中和目标时间，将能源系统转型作为经济脱碳的关键驱动力，并将投资清洁能源产业纳入恢复经济的行动之中。

短期来看，全球能源需求有望在1至4年内反弹至新冠肺炎疫情前（2019年）的水平；长期来看，经济和人口增长推动世界能源需求增长，但同时能源强度持续下降，减缓能源需求的增长态势。考虑到疫情对经济的冲击和来自气候政策的压力，各研究机构的报告都不同程度下调了对全球能源需求的长期预期，并且未来的能源需求可能会持续低于过去的预测。

全球一次能源结构正加速向多元化、清洁化和低碳化迈进。在一些报告设置的渐进式转型中，化石燃料总需求的峰值至少在2030年前还不会到来，其中煤炭需求将持续下降，石油需求可能会在 21 世纪 20 至 30 年代达峰，而作为实现低碳转型的现实选择，天然气在 2050 年前还有较大增长空间，逐渐成为全球第一大能源。到 2050 年化石能源占比仍将高于非化石能源，在能源结构中占据主导地位。相比之下，另一些报告认为化石燃料总需求将在 21 世纪 20 年代达峰，随着技术的进步，可再生能源对化石燃料的可替代性逐渐提高，到 2050 年非化石能源占比将超过化石能源。以风能和太阳能为主导的可再生能源是增速最大的能源品种，占比将呈现上升趋势，有可能成为全球一次能源的最大来源。

能源系统去碳化推动终端能源消费电气化水平不断提高，终端电气化水平提高反过来又推动电力需求持续快速增长。多家机构认为，2050 年电力占全球终端能源消费的比重将达到 30% 甚至更高，到 2050 年全球电力需求将比 2020 年增长至少 50% 以上，并且新兴经济体电力需求复苏速度高于发达经济体。电力行业作为全球能源行业转型的焦点，各国普遍将可再生能源开发利用作为电力发展的重要选择。随着发电行业大规模脱碳，煤电在发电量中的份额出现下降，非水可再生能源发电量占比则快速增长，这将成为全球能源转型的最重要的特征之一。

2. 世界核电发展现状

自 1951 年 12 月美国实验增殖堆 1 号（EBR-1）首次利用核能发电以来，世界核电至今已有近 70 年的发展历史。从全球来看，核能已经成为世界清洁能源的主力军。

根据世界核协会的统计，截至 2021 年 12 月底，全球在运核电机组 437 台，总装机容量达 3.89 亿千瓦，分布在 32 个国家。其中，美国、法国、中国、俄罗斯、日本和韩国在运反应堆规模位居世界前 6 位，反应堆数量占全球总量的 67.5%，装机容量占全球总量的 74.3%。在建核电机组共 58 台，装机容量 6448 万千瓦，分布在 19 个国家和地区。（见图 2–26）。

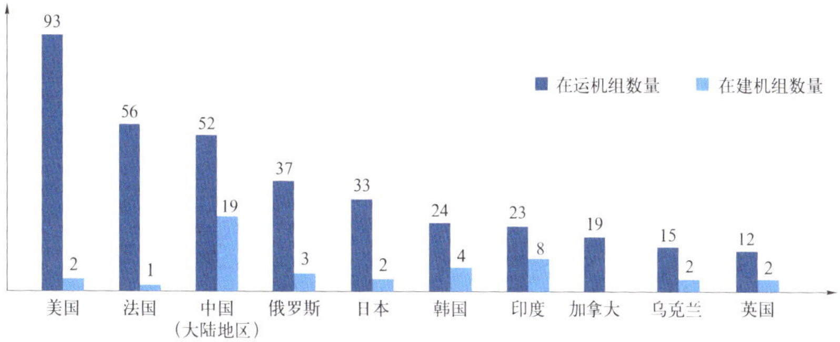

图 2–26 世界拥有核电机组数量前十的国家在运与在建核电机组分布情况[1]

2020 年，全球核电总发电量达 2.553 万亿千瓦时，贡献了世界约 1/3 的低碳电力，帮助全球避免了至少 29 亿吨碳排放，接近年度全球能源相关排放量的 10%。目前世界上已有 34 个国家和地区建有核电站，核能发电占全球发电量的 10.3%，其中法国高达 70.6%。

目前，全球在运的核电机组多数是二代技术，通常设计寿命为 40 年，机组老龄化是在运机组面临的重要问题，尤其是在发达国家，许多核电机组即将面临延寿或退役选择。为了降低费用、保障电力安全，美国、法国、俄罗斯、加拿大等多个国家正在制定机组延寿计划，将二代机组延寿至 50 年、60 年，乃至更长的寿期，同时对核电机组进行升级改造，确保本国核电机组未来安全运行。

① 数据来自国际原子能机构（IAEA）。

第三节

我国能源情况与核电发展现状

1. 我国能源情况

党的十八大以来，我国能源发展取得显著成就，能源供给和储备体系不断完善，安全保障能力持续增强，告别了过去多年能源短缺的局面，能源供需总体保持平衡，安全风险总体可控。2020 年，我国能源综合生产能力达到 41 亿吨标准煤，原油产量回升至 1.95 亿吨，天然气产量达到 1925 亿立方米，发电总装机达到 22 亿千瓦，西电东送能力达到 2.7 亿千瓦，油气管道总里程达到 17.5 万公里，县级行政区全部通上大电网，基本实现农村动力电全覆盖，14 亿人口人人享有电力，经济社会发展和民生用能需求得到有效保障。

表 2-1 “十三五”期间我国能源消费增长情况[1]

能源消费类型	2015 年	2020 年	年均增速
能源消费总量（亿吨标准煤）	43.4	49.8	2.8%
煤炭消费（亿吨）	40.0	40.4	0.2%
石油消费（亿吨）	5.6	6.6	3.3%
天然气消费(亿立方米）	1932	3288	11.2%
非化石能源消费（亿吨标准煤）	5.2	7.9	8.7%
全社会用电量（万亿千瓦时）	5.7	7.5	8.7%

① 数据来源：国家统计局、国家能源局及相关资料。

“十三五”期间，我国积极推进能源消费革命，落实能源消费总量和强度“双控”制度，能源消费总量控制在 50 亿吨标准煤以内，年均增速控制在 3% 以内，以较低的增速保障了经济健康发展和民生福祉改善。2020 年我国能源消费总量 49.8 亿吨标准煤，比上年增长 2.2%，约占世界能源消费总量的 24.3%，排世界第 1 位。煤炭消费量占能源消费总量的 56.8%，比上年下降 0.9 个百分点，石油约占 18.9%，下降 0.1 个百分点。天然气、水电、核电、风

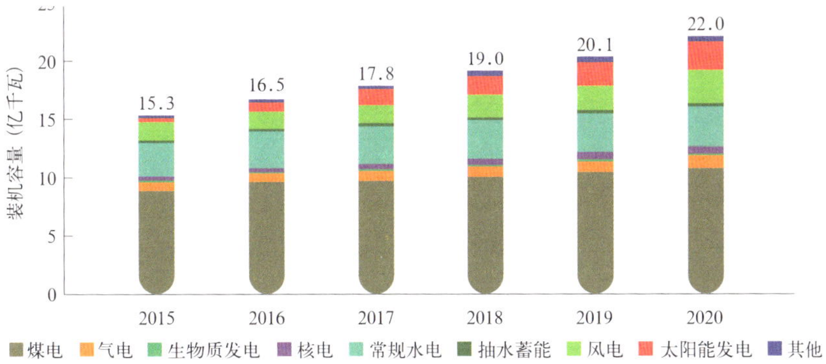

2015—2020年我国电源装机

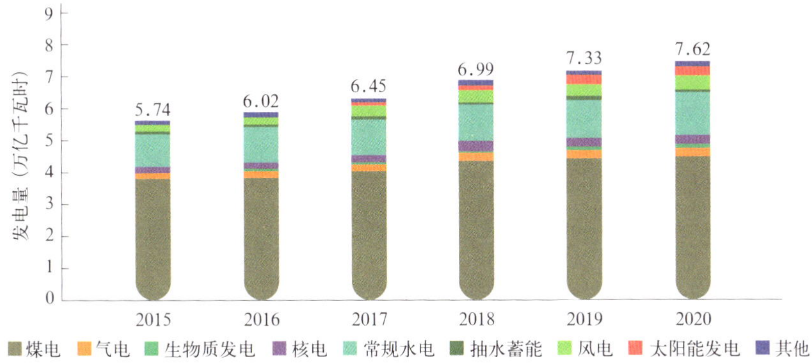

2015—2020年我国发电量结构

图 2-27 “十三五”间我国电源装机及发电量结构[1]

① 数据来源：电力规划设计总院《中国能源发展报告 2020》《中国电力发展报告 2020》。

电等清洁能源消费量占能源消费总量比重从 2016 年的 19.1% 上升到 2020 年的 24.3%。2020 年全社会用电量达到 7.5 万亿千瓦时，同比增长 3.1%，人均用电量约 5357 千瓦时，全社会用电量年均增速 5.7%。2020 年，全国万元国内生产总值二氧化碳排放较 2005 年下降 48.4%，提前完成比 2005 年下降 40% 至 45% 的碳排放目标。

“十三五”期间，我国电力资源优化配置能力持续提升，电力装机结构持续优化，电力工业绿色低碳转型成效显著。截至 2020 年底，煤电装机 10.8 亿千瓦，占全国发电总装机比重降至 50% 以下，非化石能源装机达到 9.8 亿千瓦，占全国发电总装机的 45%。

随着能源清洁低碳转型深入推进，我国将逐步摆脱化石能源依赖。根据有关研究机构初步测算[1]，到 2060 年，我国非化石能源消费占比将由目前的 16% 左右提升到 80% 以上，非化石能源发电量占比将由目前的 34% 左右提高到 90% 以上，建成以非化石能源为主体、安全可持续的能源供应体系，实现能源领域深度脱碳和本质安全。

2. 我国核电发展现状

“十三五”期间，我国核电机组保持安全稳定运行，新投入商运核电机组 20 台，新增装机容量 2344.7 万千瓦。新开工核电机组 11 台，装机容量 1260.4 万千瓦，在建机组数量和装机容量多年位居全球首位。截至 2021 年 12 月，我国大陆地区商运核电机

① 摘自中国电力报《统筹能源安全保障和绿色转型发——展访国家能源局党组书记、局长章建华》。

组总数达 51 台，额定装机容量为 5326 万千瓦，装机容量仅次于美国、法国，位列全球第三，2021 年全年核能发电量为 4071.41 亿千瓦时，达到世界第二。

核电自主创新能力显著增强，“华龙一号”自主三代核电技术完成研发，大型先进压水堆及高温气冷堆核电站重大专项取得重大进展，小型堆、第四代核能技术、聚变堆研发基本与国际水平同步。AP1000、EPR 三代核电技术全球首堆相继在我国建成投产并完成首炉燃料循环运行，自主核电品牌“华龙一号”的成功并网，标志着我国在三代核电技术领域已跻身世界前列。三代核电技术不仅提升了核电机组安全性，同时兼顾了经济上的竞争力。三代核电机组进入批量化建设后，核电电价与计入环境成本的煤电电价相比也具备潜在的竞争力。在运的核电上网标杆电价基本与煤电上网电价持平，低于燃气电价，与太阳能、风能相比不需要配套的调峰调频或储能设施。

与世界核电运营者协会（WANO）规定的性能指标对照，截至 2021 年第二季度，全球符合 WANO 综合指数计算条件机组共计 397 台，达到满分的机组 73 台，其中美国 32 台，中国 30 台，俄罗斯 2 台，韩国 1 台，其余国家和地区 8 台，满分机组主要分布在美国和中国；满分机组最多的电力公司依次是中核集团、中广核集团、美国 EXELON，分别为 17 台、12 台、12 台（见图 2-28）。

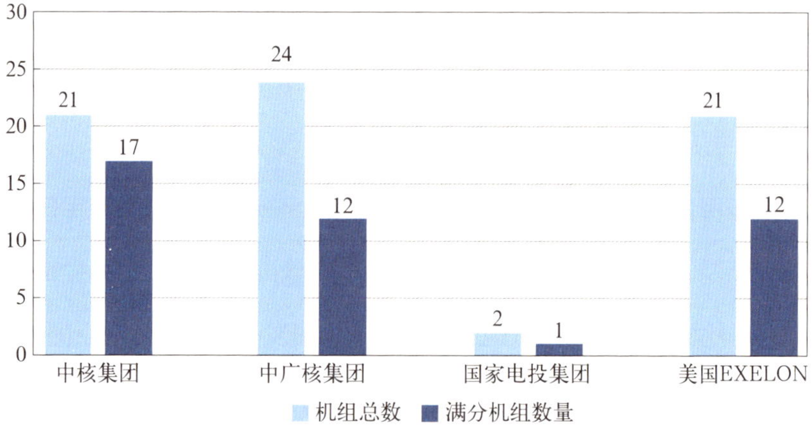

图 2-28 各核电集团中 WANO 评价为满分的机组（截至 2021 年第二季度）

我国是世界上少数几个具有完整的核工业体系的国家之一，并在此基础上形成了完整的核电产业链。经过 30 余年的努力，我国核电实现了规模化发展，具备了由核能大国向核能强国迈进的基础条件，具体体现在以下几个方面：

（1）我国核电站运营能力全球领先。我国在运核电站的安全水平和运行业绩良好，没有发生过国际核与放射事件分级表（INES）二级及以上的事件或事故；运行水平不断提高，主要运行特征参数好于世界平均水平，一批指标达到世界先进水平。

（2）我国核电站设计和建设水平进入世界前列。我国已经掌握了核电设计核心技术，具备了自主设计建设 30 万、60 万、百万千瓦及以上级别压水堆核电站的能力，具备同时建造 30 多台核电机组的工程施工能力。

（3）我国核能自主创新能力显著增强。以自主三代核电技术“华龙一号”、“玲龙一号”、实验快堆、高温气冷堆、燕龙泳池式供热堆等为代表，我国大力推进先进核技术研发，实现核能技术型谱化、产品系列化、功能多元化。同时积极推进核聚变研究，并走在了世界前列，探索开展国际创新合作，参与国际热核聚变实验堆（ITER）建设。

（4）我国核电产业链配套能力不断完善。我国已建立起较为完整、自主的核装备制造产业链，能够支撑核电中长期发展。核电装备制造国产化和自主化能力不断提升，目前我国三代自主核电综合国产化率达到 90% 以上，形成了每年 8 ~ 10 台（套）百万千瓦级核电主设备供货能力。

此外，2017 年我国《核安全法》的颁布实施，不仅推动政策法规体系建设取得新进展，核能国际合作持续深化，而且核电发展环境不断完善。在可再生能源中，中国水电的开发已经比较充分而进一步开发受到较大制约，且新开发重点的光伏、风电等可再生能源，受到地域、季节、开发强度、稳定性和经济性的影响，在能源结构中可以维持一定的比例，但难以单独承担基荷能源的角色。而核电正好弥补了其他非化石能源的不足，可以承担基荷能源，为中国能源结构优化和绿色低碳能源体系建设提供有力支持。

第四节

部分国家核电发展概况

1. 美国

截至2020年底，美国在运机组93座，总装机容量9550万千瓦，是拥有最大核电装机容量的国家。美国已经重返《巴黎协定》，并在最新的气候变化峰会上宣布，承诺到2030年将碳排放量在2005年的基础上减少50% ~ 52%，这一目标是之前承诺的两倍。

美国能源体系中，核能依然有着不可替代的地位和具有较高的战略地位，体现了“军民兼备”的特点。美国能源部2020年发布了《恢复美国核能竞争优势：确保美国国家安全战略》报告，重构全球核能领导地位，高调提出要振兴壮大核燃料循环前段。特朗普政府签署了两项法案加速先进核反应堆的开发，并简化许可程序，还为核领域分配了充足的资金支持研发新技术，给予新建核电站税收减免支持。2020年12月，美国提出“零碳排放行动计划（ZCAP）”，提出重视先进核能和小微堆发展。新一届的拜登政府认为，先进核能是“关键的清洁能源技术”的一部分。

美国目前在运核电站几乎均已获得监管部门延寿至60年的许

可，已有多台机组延寿至 80 年，2020 年 3 月，桃花谷核电站 2 号和 3 号机组成为美国第三座和第四座获准运行 80 年的机组。萨里核电站 1 号和 2 号机组于 2021 年 5 月也获授权批准延寿至 80 年。拜登政府明确支持先进核能技术创新发展。美国政府在 2021 年政府预算拨款法案中，拨款约 15 亿美元继续大力支持核能研究、开发和示范活动。美国能源部预计在未来七年投资 6 亿美元支持先进反应堆、先进小堆的研发和项目建设活动。

2. 俄罗斯

2020 年，俄罗斯共有 38 座正在运营的反应堆，全部机组容量为 2858 万千瓦。在建机组 3 台，装机容量 345.9 万千瓦。2019 年核发电量 195.5 太瓦时，核能发电比例为 19.7%。

俄罗斯核能发展政策稳定：支持本国核电发展，提高本国核电发电比例。俄罗斯联邦发展战略提出，到 2030 年核能在俄罗斯电力供应中的份额将达到 25% ~ 30%，到 2050 年将达到 45% ~ 50%，到 21 世纪末将达到 70% ~ 80%（2020 年占比已达到 20.58%）。俄罗斯国家原子能公司计划在 2035 年前投资 8800 亿卢布（约合 137 亿美元）用于新项目建设，俄罗斯能源部已初步批准该计划。2021 年 3 月 5 日，俄罗斯国家原子能公司宣布，为了满足 2045 年核能在俄罗斯能源消费总量中占比达到 25% 的政策要求，将考虑再建 24 台核电机组。另外，俄罗斯大力推动核电技术出口，抢占全球核电市场。俄罗斯已签署了 36 台核电机组出口合同和协议，与近 50 个国家和地区签署了和平利用核能协议。

俄罗斯积极进行核电技术应用创新。2020 年 5 月，世界上唯一的浮动核电站（FNPP）罗蒙诺索夫核电站 (Akademik Lomonosov) 在俄罗斯北极城市佩韦克开始商运。2020 年，俄罗斯计划建造更先进的浮动核电站，以使浮动核电站出口更具有竞争力。在新建核电站方面，俄罗斯开始准备在斯摩棱斯克核电站现有厂址附近新建一个核电站，建设两个 VVER-TOI 机组；在列宁格勒第二核电站新建两个 VVER-1200 机组。俄罗斯还计划在东部建造首座小型堆。

3. 法国

2020 年，法国在运反应堆 56 座，装机容量 6137 万千瓦，位列世界第二；在建 1 台，装机 163 万千瓦。2019 年核发电量占总发电量的 70.6%。法国承诺 2050 年实现碳中和。2019 年 9 月，法国通过的《能源与气候法案》中详细规划了法国能源未来的转型轨迹，扩大低碳能源装机，并希望在 2035 年前核能在电力生产中的份额由目前的 75% 降低至 50%，并最终达成与可再生能源平衡的目标。法国政府认为，核电对维持法国工业能力具有重要作用，核电仍然是法国中长期电力供应的基石，要求核工业在 2021 年中期提出新建核电计划，详细研究未来 15 年建设 6 台 EPR 的规划，以替代老化的核电站。另外，法国政府还提出包括开发 Nuward 小型堆设计、推动核电技术出口以及积极推进 ITER 国际合作项目等多项措施支持法国核能发展。相关预测表明，法国到 2030 年核电装机仍然具有 6300 万千瓦，反映出法国核电比例的优化是通过扩大可再生能源发电比例实现。2020 年 12 月 8 日，法国总统马克龙在核能反应堆制造厂发表公开讲话，提出法国将从 2028 年开始新建 6 个核电机组，首台机组在 2035 年前投运，并在此基础上再新建 8 台机组，到 2050 年新增 2500 万千瓦核电装机。不仅如此，现有核电机组将在符合安全条件的前提下继续延寿运行，寿期从 40 年延期到 50 年以上。这是目前欧洲国家里最明确的核能发展计划，也是法国核电政策的大转向，法国政府公布“法国恢复计划”，未来在核能领域投资 5 亿欧元。

法国电力公司和玞玛通正在努力开发称为 EPR-2 的 EPR 的简化版本，该核电技术旨在吸收建设和运行中的 EPR 经验教训，另外，法国加大压水堆耐事故燃料技术研发。

4. 英国

英国现有 7 个核电站共有 15 座在运反应堆，装机容量 892 万千瓦，在建反应堆 2 座，装机 326 万千瓦。其中 14 座是先进气冷堆（AGR），还有 1 座是位于塞斯韦尔的压水堆，2020 年，核能发电量占总发电量的 14.5%。英国承诺 2050 年实现碳中和。英国政府认为核能与可再生能源及其他技术一起在实现电力系统的深度脱碳中发挥关键作用。英国政府支持和推动核能发展，并制定核发展路线图，发布核工业战略，成立英国核工业委员会，研究新的筹集资金的方法，确保核电站项目的顺利进行。2020 年 11 月 18 日，英国政府公布绿色工业革命 10 项计划，提出将致力于支持核能研究开发，包括小型模块化反应堆和先进模块化反应堆。英国计划 2021 年启动英国小型模块反应堆设计开发的第二阶段，2030 年前后，部署第一批小型模块反应堆和先进反应堆示范装置。英国政府目前正在考虑一项 20 亿英镑（26 亿美元）的承诺，该承诺将在英国范围内建造多达 16 座小型模块化反应堆（SMR），这将有助于国家的电网电力系统。

5. 加拿大

截至 2020 年底，加拿大现有在运核电站 19 座，装机容量 1362 万千瓦。2020 年，加拿大核能发电量占总发电量比例为 14.6% 。在运的反应堆全部为本国自主设计的 CANDU 加压重水堆。加拿大承诺 2050 年实现碳中和，提出 2030 年温室气体排放量同比 2005 年减少 30%，重视小型堆和先进反应堆技术的审评和部署应用。

近年来，加拿大陆续翻新和延寿现有反应堆。2020 年，加拿大完成达灵顿 2 号为期三年的翻新工程，并获得了 30 年的延期使用寿命。

多年来，加拿大一直是核研究和技术的领导者，出口了加拿大开发的多台反应堆系统。加拿大加大先进小型堆的研发，2020 年 2 月，加拿大核实验室（CNL）宣布与超安全核公司（USNC）的子公司签署合作协议，共同推进微型模块堆（MMR）的商业化，包括超安全核公司专有的全陶瓷微囊化（FCM）燃料制造研究。

2020 年 10 月，加拿大政府宣布投资 1500 万美元，用于加速部署特里斯特尔能源公司的 400 MWe 整体式熔盐反应堆。2020

年 12 月，加拿大政府发布了小型模块化反应堆行动计划，对该国 2018 年 11 月的小型模块化反应堆发展路线图中确定的 53 项建议作出回应。该计划列出了为确保在国内外部署小型模块化反应堆而需采取的下一步措施。

6. 印度

截至 2020 年底，印度在运反应堆 23 座，装机容量为 688 万千瓦，核能发电占比 3.3%；正在建设 7 台核电机组，装机容量为 519 万千瓦。印度大多数反应堆为加压重水反应堆，库丹库拉姆核电站运行有两座俄罗斯设计的 VVER-1200 反应堆。

印度政府设定了雄心勃勃的目标以增加核电能力，2019 年 1 月，印度原子能部（DAE）宣布，印度计划在 2031 年前建造 21 座反应堆，发电容量为 1570 万千瓦。2019 年 10 月，DAE 部长表示，除了在建的反应堆外，印度还计划建造 17 座核电反应堆。致力于提高其核电能力，并作为大规模基础设施发展计划的一部分。印度在自主贡献目标中提出 2030 年碳排放强度比 2005 年下降 33%-35%，到 2032 年建成 6300 万千瓦核电；最新计划为启动 2 台 70 万千瓦重水堆和 2 台 100 万千瓦压水堆建设，到 2031 年建成 16 台 70 万千瓦重水堆和 4 台百万千瓦级俄罗斯产压水堆。2020 年，印度批准位于哈里亚纳邦的 GHAVP 核电站首批两台机组首罐混凝土浇筑。2021 年 4 月，EDF 计划在马哈拉施特拉邦的杰塔普核电站建造 6 座 EPR 压水堆核电站。这 6 座机组一旦建成，将使杰塔普核电站成为世界上拥有最大装机容量（960 万千瓦）的核电站。

该核电站将能为约 7000 万个印度家庭供电。

7. 日本

截至 2020 年底，日本 33 台在役核电机组，装机 3168 万千瓦，另有 2 台在建机组，装机容量 265 万千瓦。福岛事故后，日本暂停了全部核电站的运行，截至目前，其中 9 座已获批准运行，还有十个反应堆已经向 NRA 提交了重启申请，并且目前处于审查阶段，这包括 6 个沸水堆和 4 个压水堆。

日本对核能发展持积极态度。2021 年初，日本经济产业省（METI）发布《绿色增长战略》，提出核能发展目标：到 2030 年争取成为小型模块化反应堆全球主要供应商，到 2050 年将相关业务拓展到全球主要的市场地区（包括亚洲、非洲、东欧等）；到 2050 年将高温气冷堆制氢的成本降至 12 日元 / 立方米；在 2040—2050 年间开展聚变示范堆建造。为此，日本将积极参与小型模块化反应堆国际合作，融入国际小型模块化反应堆产业链；开展利用高温气冷堆高温热能进行热解制氢的技术研究和示范；继续积极参与国际热核聚变反应堆计划（ITER），同时利用国内的新一代托卡马克实验装置 JT-60SA 聚变设施开展自主聚变研究，为最终的聚变能商用奠定基础。

8. 韩国

截至 2020 年底，韩国共有 24 台正在运营的反应堆，全部机组容量为 2312 万千瓦；正在建设 4 台，全部机组容量为 536 万千瓦。2019 年核发电量为 1388 亿千瓦时，发电比例为 26.2%。

未来，核电在韩国电力结构中的占比将逐步下降。2020 年 12 月 29 日，韩国能源部发布《2020—2034 年电力供应长期基本规划》，计划到 2034 年将核电总装机容量从 2020 年的 2330 万千瓦减少至 1940 万千瓦。根据规划，随着韩国逐步弃核，到 2030 年，核电在韩国电力结构中的占比将从目前的 18.2% 下降至 11.8%，并在 2034 年下降至 10.1%。到 2034 年，韩国将有 11 台核电机组永久关闭，总装机容量为 950 万千瓦；4 台新机组动工开建，总装机容量为 560 万千瓦。

韩国积极开展钠冷快堆、高温气冷堆和全自然循环铅基微小堆等方面的研究。目前其正在合作部署一体化小型压水堆 SMART。韩国在研制核聚变反应堆方面取得了重大进展。2020 年 11 月 24 日，韩国超导托卡马克先进研究装置（KSTAR）创造了一项新的世界纪录，将高达 1 亿℃的高温等离子体维持了 20 秒。

第 3 章

核电是清洁低碳的能源

第 3 章

核电是清洁低碳的能源

第一节

核电的清洁性

1. 发展核电不会污染环境

核电是清洁能源。发展核电可以减少因燃用化石燃料而排放的二氧化硫、氮氧化物、烟尘等污染物质，有效保护环境，为人类经济社会可持续发展提供更加清洁的能源保障。据测算，一座百万千瓦级的核电站每年可以减少排放 640 万吨二氧化碳、2.1 万吨的二氧化硫、1.8 万吨的氮氧化物和 32 万吨的烟尘。因此，发展核电是减少大气污染和改善生态环境的有效途径之一。

辐射存在于整个宇宙空间，无处不在。恒星太阳是地球最大的外来辐射源，地球核心及地壳表面的放射性元素是地球最大的内在辐射源。在地球生物进化的漫长岁月里，地球上的所有生物，早已适应他们所生存的辐射环境。食物、房屋、天空大地、山水草木乃至人们的体内，都存在着辐射照射。人类就像生活在辐射的海洋里。辐射分为天然辐射和人工辐射。天然辐射包括宇宙射线和天然放射性核素。人类有史以来一直受着天然电离辐射源的照射，是人类接受辐射照射的主要来源。而人工辐射是指与核相关的人为活动引起的对公众的照射，主要是医疗照射。如今，核辐射已广泛用于工业、农业、医疗等各方面，成为人们生活进步的助推力。例如物质材料的辐照保鲜、辐射育种、辐照杀虫（杀菌）、X 光、CT 检查、放疗、考古和刑事侦查等（见图 3-1）。

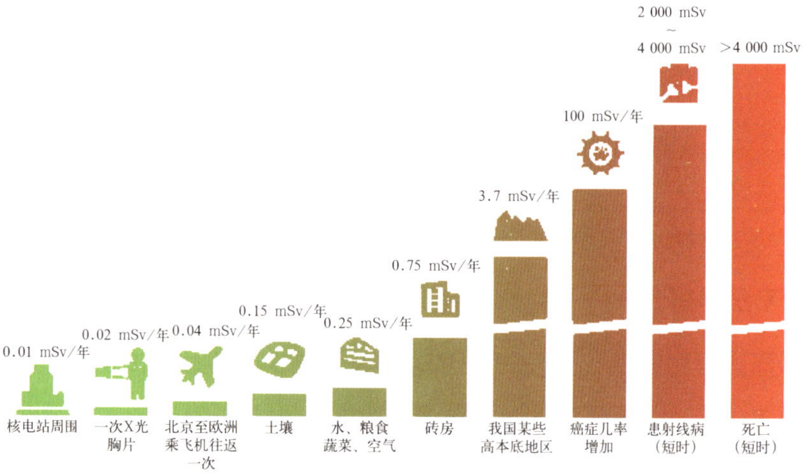

图 3-1　生活在核电站周边并不会增加辐射风险

核电站的放射性影响非常小，核电站周边监测点显示其环境本底与一般环境并无差异，与我国居民日常生活接受的年均辐射总量相比，仅占日常生活辐射的 1/240。核电站在设计、建造和运行时处处都考虑了对辐射的防护。为了做到万无一失，核电站在放射性物质和环境之间设置了四道屏障，只要其中一道是完整的，就不会发生放射性物质泄露的事故。核电站产生的长半衰期的乏燃料通过后处理回收铀、钚、锕系元素，冷却 10 ~ 20 年，对含有剩余核素的放射性废液进行固化处理，最终将固化体送至永久处置场处置。处理过程都在严格的封闭系统中完成，且全程接受核安全及环保部门的监管，不会污染环境。

秦山核电站是我国大陆第一座核电站，被誉为“国之光荣”，自 1991 年 12 月 15 日并网发电，至今已安全发电满 30 年，没有对周边居民生活构成辐射影响。在秦山核电基地 10 公里范围内的美丽乡村中，国家核安全监管部门设置了 13 座辐射监测站。其 30 年监测数据表明，秦山核电基地附近的天然环境放射性水平与建造前的本底数据相比没有发生任何变化。

2021 年 9 月 3 日，秦山核电厂 1 号机组运行许可证获准延续，有效期至 2041 年 7 月 30 日。该机组运行许可证延续获批，填补了技术空白，具有示范价值，对我国构建整套运行许可证延续技术体系、评估方法，促进我国核电厂运行许可证延续标准体系建立健全、培养专业人才队伍有着深远影响，这也是中核集团以及中国核电立足“三新一高”，坚持科技自立自强，统筹安全与发展，助力“双碳”目标实现，建设核强国的具体举措。

2. 生态核电助力美丽中国建设

习近平总书记指出：“良好生态环境是最公平的公共产品，是最普惠的民生福祉。”随着社会发展和人民生活水平不断提高，人民群众对干净的水、清新的空气、安全的食品、优美的环境等的要求越来越高，生态环境在群众生活幸福指数中的地位不断凸显，环

扫描二维码
了解更多

图 3-2　我国核电站周边的生物多样性

境问题日益成为重要的民生问题。我国在发展核电的同时积极保护原生态，与环境之间形成相互依赖、共同促进的关系，开展绿色生产，在保持原生态自然平衡基础上，实现与原生态的共生融合。我国各核电运营企业重视生物多样性保护（见图 3-2），将项目运营管理与自然资源保护相结合，努力降低核电站对生态环境的影响。定期开展邻近海域海洋生态调查工作，评估核电站运营对邻近海域的生态影响；对周边水域、土壤等环境进行取样分析及检测，记录生态环境情况；从设计方案、施工工艺等多方面制定相应保护举措，降低生态环境影响。

海南昌江核电站为保护近岸珊瑚礁及生物资源，取排水方案采取盾构加沉管的方式。该项目是国内核电站最长的排水管线，长度 3.864 公里，项目投资直接增加 3 个多亿，工期增加约 0.5 年。海南昌江核电站在保护珊瑚生存环境的同时，还积极开展我国二级野生保护动物白蝶贝科研试养殖工作。海南昌江核电站充分利用核电温排水余热资源，繁育、复壮白蝶贝，并利用白蝶贝自主摄食、无须饵料的滤食性特性，净化海区环境，抑制浮游藻类的大量滋生，保障机组安全运行的同时也防止水质富营养化，实现机组安全与生态保护的双赢。

广东阳江核电站为防治水土流失、美化基地环境成立水保专项小组，通过采取场地平整、土方回填、增加植被覆盖率等一系列措施，对生产准备区及平堤水库内湖心岛进行水土保持整治覆绿，打造“花园式”核电并支持推动周边地区的生态文明建设。

山东海阳核电在长期确保机组安全稳定运行，为社会提供清洁能源的同时，特别注重项目发展与周边生态的和谐共生，在 3000 亩的厂区，生长着“鸟中熊猫”震旦鸦雀、白头鹎、斑鸫鸟、北红尾鸲等丰富的野生动物，附近还常常出现“鸟浪”，每年冬天，候鸟都会来到海阳核电栖息。

3. 核电站的废物管理

核电站的固体废物分为中低等放射性废物和高放射性废物。中低放射性物质经过压缩和固化后，会进行包装密封，安全运输到处置场地后，将其储存在地下浅层废物库中。乏燃料经过处理厂处理，97% 可循环利用，剩下 3% 是高放射性废物（见图 3-3）。如何防止放射性废物释放进入环境，并安全可靠地进行处理处置，从而保护人类健康与安全，成为核能发展必须应对的挑战之一。

世界各国几十年来对高放射性物质进行了广泛的研究，经过各种方法评估比较后，深地质处理法为目前最佳的选择，也就是将高

经压缩、固化、装桶密封，先存放在现场废物库数年，然后储存在地下浅层废物库。

图 3-3　核电站产生的废物类型

放射性废料保存在深入地下几百米处的特殊处置库内。核废物处理包括建设后处理厂，提取有用的核资源，将少量的裂变废物玻璃固化，经多层包装后深地层处置。不少国家都在建设废物处置库的地下实验室。总体上说，核废物是受控的，后处理厂建成后，有用的核资源将再度利用，少量的高放废物将通过固化，运到与生物圈隔离的地下深地层处置。通过积极开展国际合作，这一问题是可以解决的，而且是有能力解决的，不会把难题留给后代。

我国采取闭式循环策略，通过乏燃料后处理，可以大大减少废物量。当前，我国核电站运行产生的乏燃料和放射性废物是全部受控的。我国正在加强技术攻关和专项投入，统筹安排推进乏燃料贮存、运输、后处理与高放射性废物地质处置等项目实施。经过我国核工业地质科研人员三十多年艰苦卓绝的努力和探索，我国在高放废物地质处置领域的技术能力如今已居世界前列。2021 年 9 月 11 日，国内首座高水平放射性废液玻璃固化设施在四川广元正式投运。这是我国核工业产业链后端标志性工程，其投入运行标志着我国已经实现高放废液处理能力零的突破，成为世界上少数几个具备高放废液玻璃固化技术的国家，对我国核工业安全绿色发展具有里程碑意义。设施投运后，预计每年可安全处理数百立方米高放废液，处理产生的玻璃体将被深埋于地下数百米深的处置库，达到放射性物质与生物圈隔离的目标，实现彻底安全，为核能利用提供坚实保障。2021 年 6 月 17 日，位于甘肃北山的地下实验室开工建设，（见图 3-4）。相信通过未来几十年的持续努力，一定能够实现放射性废物的最终安全处置。

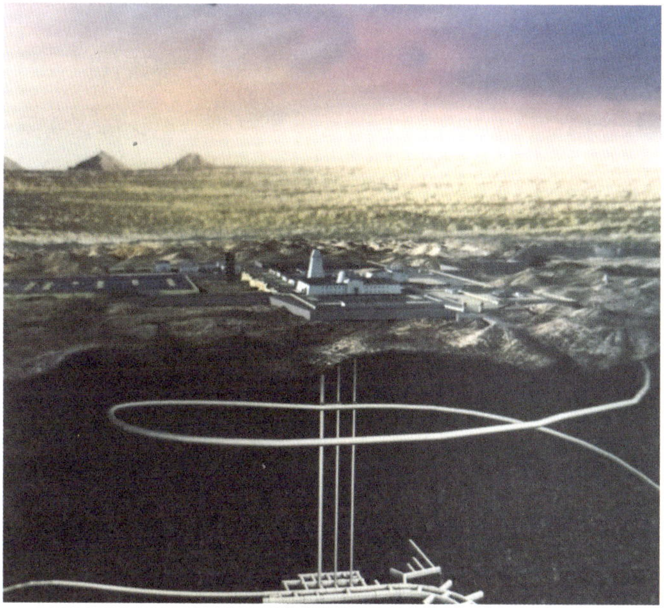

图 3-4　甘肃北山地下实验室三维示意图

第二节

核电的低碳性

核电站是零排放电站，若只考虑发电厂能源转化过程直接产生的温室气体排放，利用核能发电本身不产生二氧化碳。实际上，核电站建设，原材料加工、制作与运输等过程也会产生二氧化碳。从能源品种温室气体排放比较的角度看，仅仅比较发电厂，或者用电本身是不恰当的，要考虑全能源链过程的二氧化碳排放，即全生命周期碳排放。以核电为例，即不仅指核电站本身，还指包括从开采→水冶→转化→浓缩→元件制造→发电处理→废物处置的全过程[1]。

1. 核电是全生命周期碳排放最少的电源品种

核电链是二氧化碳排放最小的电能链。中国工程院潘自强院士团队对不同发电能源链温室气体排放的研究结果表明，当前我国核燃料循环前段（包括铀矿采冶、铀转化、铀浓缩、元件制造、核电站）的实际温室气体归一化排放量为 6.2 $gCO_2/kW \cdot h$（即每发一度电排放 6.2 克二氧化碳），考虑了核燃料循环后段（乏燃料

① 潘自强、姜子英，核电是现阶段最好的低碳能源，中国环境报，2014 年。

后处理和废物处置）的总的温室气体归一化排放量为 11.9 gCO_2/kW · h[1]。而煤电链的温室气体排放量为 1072.4 gCO_2/kW · h，水电链在 0.81 ~ 12.8 gCO_2/kW · h，风电链在 15.9 ~ 18.6 gCO_2/kW · h，太阳能发电链在 56.3 ~ 89.9 gCO_2/kW · h 之间。世界核协会发布的研究报告结果也表明，核能全生命周期的温室气体排放可与风能、水电相媲美（见图 3-5）。

20 世纪 90 年代以来，欧洲、美国、日本等国家对核电上下游产业链的生命周期温室气体排放开展了较为广泛的研究，结果都表明，核电是全生命周期碳排放最少的电源品种之一。政府间气候变化委员会（IPCC）的评估报告指出，在考虑从铀矿采冶到核电站退役治理的产业链所有环节的碳排放情况下，核电每千瓦时仅产生 12 克二氧化碳。与风电产生的二氧化碳相当，约等于分布式光伏的 1/4。而每千瓦时的煤电和气电所产生的二氧化碳量分别是核电的 68 倍和 41 倍。

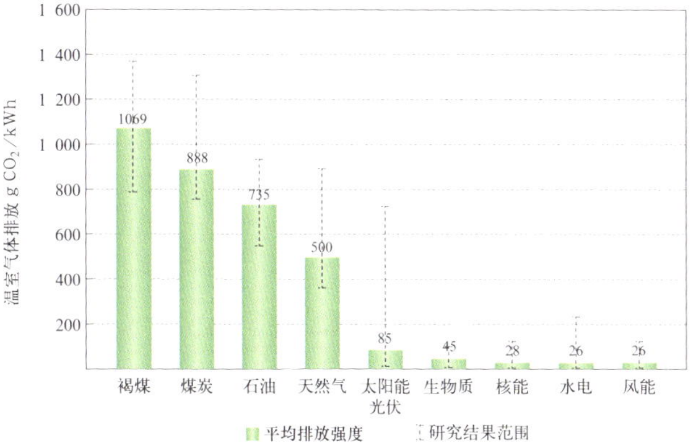

图 3-5　不同电源品种全生命周期温室气体排放量[2]

① 姜子英、潘自强、邢江、於凡，中国核电能源链的生命周期温室气体排放研究，中国环境科学，2015，35（11）：3502-3510。
② 世界核能协会报告：生命周期温室气体排放量的比较。

核电产业链是所有发电能源中温室气体排放最低的能源品种之一，可以减缓地球温室效应，有利于改善环境，实现能源与环境协调发展。

2. 核电在欧美发达国家碳达峰过程中发挥重要作用

核电是全球能源转型的重要贡献者，在过去的半个世纪中贡献了一半的低碳电力。国际能源署（IEA）发布的报告《清洁能源系统中的核电》[1]提出，在过去的半个世纪中，核电帮助降低了二氧化碳的长期排放增加速度，尤其是在发达国家。在全球范围内，从1971 到 2018 年，核电输出减少了 630 亿吨的二氧化碳排放。如果没有核电，在这一段时间内，发电排放量会增加几乎 20%，与能源相关的总排放会增加 6%。在 1971—2018 年，如果没有核电，日本的发电二氧化碳排放量会增加 25%，韩国会增加 45%，加拿大会增加 50%。

核电有助于推进全球能源脱碳工作顺利进行。按照《巴黎协定》规定速度实现二氧化碳排放目标是一项巨大而复杂的工作，需要调动包括核电在内的所有成熟的低碳技术。目前，全球有 442 座在运反应堆，净装机容量达 394 GW，核电约占全球用电量的 10.1%，仍然是水力发电（16.2%）之后世界上最大的低碳电力来源。在经合组织国家中，核电占发电量的 18%，是这些国家的首要低碳电力来源（见图 3-6）。因此，全球现有核反应堆构成了低碳发电产能的支柱，每年可减少 1.6 亿吨二氧化碳排放量[2]。

① 国际能源署，《清洁能源系统中的核电》，2019 年。
② 经合组织、经合组织核能署，《核电厂长期运行与脱碳战略》，2021 年。

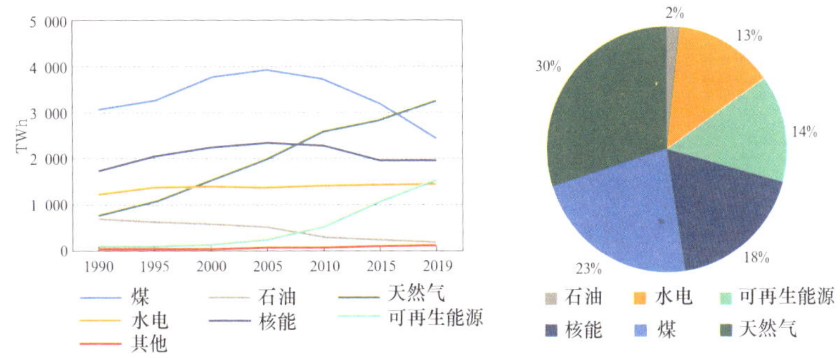

图 3-6　2019 年经合组织国家不同能源品种发电量

核能已经在为世界提供清洁和丰富的能源方面作出了重大贡献，在世界范围内已成为主力军。面向未来，核能在实现碳达峰、碳中和目标的进程中也将具有不可替代的地位与作用。国际原子能机构、世界核协会、经合组织核能署、国际能源署等多家全球能源机构都强调了核能在未来低碳经济和社会中将起到关键作用。

第三节

核电在实现我国“双碳”目标中将发挥更大作用

当前，我国生态文明建设正处于压力叠加、负重前行的关键期，已进入加速提供更多优质生态产品以满足人民日益增长的优美生态环境需要的攻坚期，也到了有条件有能力解决突出生态环境问题的窗口期。核能作为安全高效的清洁能源，其运行可靠性高，无温室气体排放，可以有效应对气候变化和减少大气污染。对于全世界任何重视环境利益的国家，核能都是一个不可忽视的选项。在当前我国实现碳达峰、碳中和的进程中，核能将发挥更大的作用。

1. 清洁发电

核电是现阶段最主要的低碳能源。核能发电本身不会产生温室气体排放，一座百万千瓦电功率核电站每年发电量相当于减少二氧化碳排放 600 多万吨。2021 年，我国核电发电量为 4071.41 亿千瓦时，与燃煤发电相比，相当于减少燃烧标准煤 11 558.05 万吨，减少排放二氧化碳 30 282.09 万吨、二氧化硫 98.24 万吨、氮氧化物 85.53 万吨。

2. 支撑可再生能源消纳

我国风光水等能源资源丰富地区大多处于电网末端，距离负荷中心较远，目前风光水等能源大规模集中式开发已经给电网调度和调峰带来一定的困难。未来，以碳达峰、碳中和目标为指引，随着风光可再生能源的快速发展、大规模上网，电力系统转动惯量持续下降，调频、调压能力不足。同时，新能源具有很强的波动性、间歇性，造成了电力实时平衡难度的进一步增大。英国在 2019 年 8 月 9 日晚高峰时段发生的大停电事件，大约 100 万人受到影响，停电时间持续了 50 分钟。这次大停电事件揭示高比例可再生能源电网安全稳定运行面临着前所未有的风险。2020 年夏天，美国加州发生大规模停电，也是由于可再生能源电力占比过高、天然气调峰能力不足。

核电运行稳定、可靠、换料周期长，适合承担电网基本负荷及必要的负荷跟踪。随着能源系统清洁化、低碳化转型进程的加快以及煤电的逐步退出，核能作为“零碳”能源体系的基荷电源，能够支撑电网消纳大比例非水可再生能源，也能增强电网抵御严重事故的能力、降低大面积停电的风险。

3. 支持高碳排放行业减排

碳达峰、碳中和目标提出后，核能在未来低碳经济、低碳社会中的作用不容忽视。除发电外，核能综合利用的深度、广度、维度有望加速拓展。与化石燃料通过燃烧将化学能转变为热能的利用形式不同，核能通过核反应过程（包括裂变、聚变或衰变）获得高品位热能，可以满足稠油热采[①]等工业生产过程的需求，还可以为新型工业园区、新型城镇等清洁供暖，实现化石能源的替代。石化、石油行业等国家高耗能行业，其能耗主要集中于电、热、氢的需求，用能过程往往伴随着大量的碳排放。如果核能与石油化工等高碳排放行业耦合发展，将进一步凸显核能零碳价值，核能制氢可以替代焦炭用作炼钢过程的还原剂，优化生产工艺的原料投入，大幅度降低生产的过程排放。[②]

① 一种蒸汽吞吐采油技术。
② 周拯晔、郑乐、步伟东、郑少强、核电热能工业应用规划研究初探，中国能源，2020 年 8 月第 42 卷。

第 4 章

核电是安全可靠的能源

第4章 核电是安全可靠的能源

第一节 核电的安全性

经过半个多世纪的发展，核电与水电、火电一起构成了世界能源的三大支柱。现有核电站是利用铀原子核裂变释放出巨大能量来发电的，这些能量是可控的，所以人们不用担心核电站会发生“核爆炸”。在正常运行情况下，核电站不会对公众健康产生影响。即便堆芯融化，也能够将放射性物质滞留在厂房或阻断在厂区内，能够做到对外零排放，具有实际消除大量放射性物质向环境释放的能力。

1. 对“安全”的理解

核电站到底安不安全？这个问题可能不会有统一的答案，这是因为：核安全和当今世界上其他任何安全一样，永远是一个相对的概念。就像人们回答乘飞机、坐火车和汽车，甚至步行一样，说安全其实都存在不安全的风险；但人们并没有因存在安全风险而摒弃它们，只是因为安全概率远大于风险概率。所以安全，是相对风险而言的。如果人们知道哪里有危险，并且能控制这种危险不让它发生，或者发生后不让它严重影响到我们的生命财产，就可以认为我们是安全的。安全，就是对风险的可知可控。

社会要发展，要满足人民群众日益增长的物质与精神生活的需要，人们就必须从事各项生产活动，其中必然伴随着各种各样的风险，但人们却不能贸然地宣称："我什么风险都不接受。"判断一项工业活动的风险能否被接受，存在三个指导性原则：

第一，活动必须是有收益的，也就是说，如果把风险看成是损失的话，工业活动的所得必须大于所失，冒一点风险是值得的，也是必需的。

第二，风险必须是可接受的，必须是有限的和暂时的，不允许对环境和社会产生不可逆转的后果。

第三，由于人们对灾难性事故特别敏感，人们不能接受恐怖性很高的事故。

当然，人们对风险的认识，与人们的知识水平有关，也与人们的经验有关。100 多年前，当汽车刚刚开上街头的时候，人们惊呼："它比马车快那么多，撞到人怎么办？"清朝末年，当第一条铁路在中国建成时，王公贵族们认为它破坏了风水，惊恐至极；当人们乘坐飞机初次飞上天的时候，会担心它会不会掉下来。而时至今日，恐怕人们已不会放弃乘坐汽车、火车和飞机所带来的便利和舒适。

所以，只要可知可控，风险并不可怕。

2. 核电站不是原子弹

核电站燃料中的有效成分是铀 -235，铀 -235 同样也是原子弹的核装料。人们自然会想到：核电站会不会像原子弹那样发生“核爆炸”呢？不必担心，绝没有这种可能性！因为核电站与原子弹有着本质的区别，以压水堆核电站为例：首先，所用的铀 -235 的富集度不同。核电站燃料中铀 -235 的富集度一般不超过 5%，而原子弹核装料中的铀 -235 含量高达 90% 以上。这就像啤酒和白酒都含有酒精，白酒因酒精含量高可以点燃，而啤酒则因酒精含量低却不能点燃的道理相似（见图 4-1）。其次，结构和特性不同。原子弹爆炸有非常严格的条件，它必须用高富集度的铀 -235 或钚 -239 作核装料，以一套精密复杂的系统引爆高能烈性炸药，利用其爆炸力在瞬间将易裂变物质压紧到一起，形成不可控的链式裂变反应，瞬间产生大量能量，发生核爆炸。这种苛刻的条件，在核电站是不可能达到的。核电站燃料是分散布置在反应堆内的，在任何情况下，都不可能像原子弹那样紧聚到发生核爆炸。

图 4-1 “核电站”与“原子弹”的燃料浓度区别

3. 核电安全的特殊性[1]

从最基本的科学判断出发，做任何事情都存在风险。那么我们在讨论核电安全还是危险之前，就需要建立一个大家共同可接受的尺度。对于核电安全的基本属性和安全的度量的认识问题，美国核管理委员会认为，只有使用风险的概念，才能建立一个公众、核能界和监管当局能够普遍理解并达成共识的逻辑自洽的认知体系。美国核管理委员会正是在风险分析的基础上，建立核电厂的安全尺度，作为核电厂设计和运行的阈值，同时用公众可理解的方式让公众对核电厂安全水平的可接受性给出判断。

1986 年，美国核管理委员会发布了《核电安全目标》政策声明，制订了两个定性安全目标。第一个目标是，核电运行安全保障应该为公众提供保护，使其不因为核电厂运行而对生命和健康承担明显的附加风险。也就是说，核电不能给公众生命和健康增加明显的附加风险，不能使每个人的所有社会风险总量出现明显增加。第二个目标是，与可行的竞争发电技术相比，核电厂运行对生命和健康的社会风险应该可比或更少，并且没有明显的社会附加风险。这也就是从社会公平的角度，要求核电的风险与水电或火电的风险相当或更小，使各种发电技术具有安全要求上的公平性。

这两个定性安全目标要求没有明显的附加风险，体现了对安全问题的准确理解。但这两个目标不具备可操作性，因为它没有提供“没有明显的附加风险”的判断依据。为了核安全目标的可操作性，美国核管理委员会还提供了两个定量安全目标。第一个目标，对紧

① 摘自汤搏：《核电安全的若干基本问题》。

邻核电厂的社会成员来说，由于反应堆事故所导致的立即死亡的风险不应该超过美国社会成员所面对其他事故所导致的立即死亡风险总和的千分之一。第二个目标，对核电厂邻近区域的人口来说，由于核电厂运行所导致的癌症死亡风险不应该超过其他原因所导致癌症死亡风险总和的千分之一。

为什么说核电是非常安全的，是最安全的工业系统之一，就是靠这两个指标来支撑。经过大量评估，我们现有的核电机组都可以满足甚至远远低于这两个千分之一的附加风险。1974 年美国原子能委员会委托麻省理工学院拉斯穆森教授带领团队开展相关研究，完成了《反应堆安全研究》报告。报告采用了概率风险分析方法，将核电的风险与其他社会风险进行了比较，结果如表 4-1。

表 4-1 事故与死亡率

事故类型	死亡人数	个人年死亡概率
机动车	55791	1/4000
意外跌落	17827	1/10000
火灾或烫死	7451	1/25000
溺水	6181	1/30000
火器	2309	1/100000
空中旅行	1778	1/100000
坠落物体	1271	1/160000
触电	1148	1/2000000
闪电	160	1/2500000
龙卷风	91	1/2500000
飓风	93	1/2500000
所有事故	111992	1/1600
核反应堆事故	—	1/5000000000

美国核管会定下的安全目标，是为了使公众对核安全问题有一个比较容易、比较清晰的理解和判断，希望公众接受核电，增加核电的社会公众接受度。实际上直到今天，这些数据依然还是合理有效的。

4. 三次核事故与经验反馈

自 1954 年苏联第一座并网发电核反应堆开始运行以来，全球在运行的核反应堆有 400 多座，累计安全运行了约 1.4 万堆年。其间重大核安全事故共发生三次：1979 年美国三哩岛核事故、1986 年苏联切尔诺贝利核事故和 2011 年日本福岛核事故。每次核事故的发生，都为核安全敲响了警钟，促进了核电安全性能的提高和核安全文化的发展。

（1）三哩岛核事故

三哩岛核电站位于美国宾夕法尼亚州，1 号机组 1974 年开始正式运行，2 号机组 1978 年正式运行，采用压水堆技术。

1979 年 3 月 28 日，三哩岛核电站的 2 号机组发生了严重事故（见图 4-2）。事故的起因是蒸汽发生器的给水泵跳闸，事故给水管线上的阀门由于维修人员的误操作而处于关闭状态，使蒸汽发生器的给水中断。事故发生后，由于信号显示不全，操纵人员未能及时发现设备处于不正常状态，出现了多次的人为误操作，使得事态严重恶化，堆芯发生三次裸露，导致反应堆堆芯严重损坏。但由于安全壳的防护，没有造成大量放射性物质释放的灾难性后果。事故表明，三哩岛核电站存在设计缺陷、设备故障、操作失误和管理等问题，而操纵员的失误是引发这次核电严重安全事故的主要原因。

（2）切尔诺贝利核事故

切尔诺贝利核电站位于乌克兰的普里皮亚季，1 号反应堆 1977

图 4-2　三哩岛核电站

年启用，接着 2 号（1978 年）、3 号（1981 年）、4 号（1983 年）反应堆相继启用（见图 4-3），是石墨管道式沸水反应堆。

图 4-3　切尔诺贝利核电站

1986 年 4 月 26 日，切尔诺贝利核电站 4 号反应堆在计划停堆进行检修之前，做汽轮发电机甩负荷实验。在不具备甩负荷实验条件的情况下，管理层仍坚持实验，又出现一系列操作错误，发生了堆芯熔化和大量放射性物质外泄的事故。事故表明，工作人员违章操作、判断失误，加上反应堆设计缺陷，特别是没有安全壳等是导致此次事故的主要原因。

（3）福岛核事故

福岛核电站位于日本首都东京东北方向大约 270 千米处，共有 6 台机组（见图 4-4），均采用沸水堆技术，1 号机组于 1971 年 3 月投入商业运行。

图 4-4　日本福岛核电站

东京时间 2011 年 3 月 11 日 14 时 46 分，日本东北海域三陆洋面发生 9.0 级强烈地震，并引发海啸。在日本福岛第一核电站多台核电机组的冷却系统停运的关键时刻，面对强烈地震和海啸的极端双重自然灾害超出了核电站的设计极限的情形，有关部门未能及时做出果断正确的决策和采取科学合理的行动，去预防和缓解严重核事故，进而导致乏燃料破损、部分堆芯熔化和氢气爆炸，发生放射性物质向环境的大量泄漏。事故表明，对严重事故的预防和缓解认识不足，未能及时准确采取有效的系统性管理和已掌握的技术手段，这才导致了继三哩岛、切尔诺贝利核事故之后，世界核工业史上发生的最严重的核事故。

（4）核电安全持续改进

每一次核事故都给人们敲响了核安全警钟，对核电的安全发展起到了积极的促进作用。

三哩岛核事故对于核安全管理的改进有着积极的意义，它改变了核安全管理的重点和方法。事故发生后，科研人员做了认真的反思，认为其主要教训是设计的缺陷，加上人员培训及技能的不足；在减少人因失误等方面做了改进，如改进主控制室人机接口、制定新型事故处理规程、加强操纵员培训、加强经验反馈工作等。

切尔诺贝利核事故对核安全管理的影响，有着深远的意义。国际原子能机构的专家在认真研究了有关方面的报告后，认定事故的主要原因是核安全管理中设计、管理、文化三方面的严重问题。如国家层面上安全监管机构及制度没有落实，监管不得力，核电站管理混乱；设计缺少安全标准，安全分析不充分，设计中包含了不安全因素；运行人员培训不足，对机组特性缺乏理解，操作人员没有掌握有关反应堆工艺过程的专门知识，也不懂得反应堆潜在的危险；工作大纲质量低劣，操作规程有缺陷，甚至有错误；从上到下，普遍缺乏安全文化意识。

福岛核事故警示了人们要预防超强自然灾害对核电站安全的影响，促进了各个核电国家全面审查在运、在建核电站，进一步加强核安全防范措施。重点是完善针对极端外部事件的设防能力，以保证小概率但后果严重的超设计基准事故在选址和设计中得以恰当考虑，维持适当的安全裕量，并改进和强化严重事故管理，加强培训与监管，进一步完善系统性的管理和技术手段，持续提高严重事故有效预防和缓解能力。福岛核事故发生后，我国积极采取行动，全面审查在运核电站，有针对性地提高安全措施，如增高海堤防护墙、增设移动供电设备、增加非能动蓄水池等（见图 4-5、图 4-6）；制定和实施核电站安全改进行动通用技术要求、新建核电站安全要求等，用最先进的标准对所有在建核电站进行安全评估，严格审批新上核电项目，编制出台了核安全规划，调整完善了核电发展中长期规划。

科学家们正在积极吸取每一次核事故的经验教训，使核电技术水平不断提高，性能安全持续改进，确保核电站安全高效地为人类发展服务。

图 4-5　秦山核电加高海堤防护墙

图 4-6　秦山核电低压移动柴油发电车验收

第二节

核电的可靠性

1. 核电可以全天候可靠供能

核电与常规火电站的区别仅在于进入汽轮机的蒸汽携带的能量来源不同，火电站是通过燃烧煤炭、石油、天然气等燃料产生热能，核电站则通过铀核燃料裂变产生热能。核能的发电方式决定了其不受昼夜变换、风力大小、水量干枯等因素的影响，其受周期性、区域性和季节性影响特征不明显，且核燃料使用时间长，间隔 12 ~ 18 个月才更换一次核燃料和检修，电力供应稳定，利用小时数高。核能的发电方式使其具备较强抵御极端天气灾害的能力。在历次气候事件引起的停电等事故中，核电均表现稳定。例如，在 2021 年 2 月的美国得克萨斯州大停电事故中，4 台核电机组在极端寒潮中保持了 75% 的预期容量，并迅速恢复至 100%。

核能发电的利用小时数高，在所有电源品种中高居第一。根据中国电力企业联合会数据，自 2008 年至 2020 年，每年全国核电利用小时数均大于 7000 小时，2020 年达到 7453.4 小时，长期稳定维持在远高于火电、水电等其他发电方式的水平。同时核电单机容量较大，是理想的承担电网基本负荷的电源。

全球主要核电国家基于核电的固有特性，都将核电定位为基荷电源，尽可能保证按最大发电能力稳定运行，设备利用小时数通常都保持在 7000 小时以上，负荷因子超过 80%。根据 IAEA 统计，核能发电占比较高的法国、韩国、美国核电机组的年负荷因子近年来平均约为 75%、85% 及 90%。法国因为核电占比太高，核电机组适当参与负荷调整。这些国家的核电机组上网对稳定本国电网以及整体电价水平发挥了积极的作用。

2. 为电网安全提供支撑

2020 年 12 月 12 日，国家主席习近平在气候雄心峰会上提出，到 2030 年，我国风、光发电总装机容量达到 12 亿千瓦以上，相当于未来十年年均新增 7500 万千瓦的装机规模。为支撑我国实现 2030 年非化石能源占一次能源消费比重达到 25% 的基本要求，根据 2020 年 10 月的《风能北京宣言》与 2020 年 12 月中国光伏协会的预测，需要 2020 年后年均新增风、光发电装机规模在 1.2 亿~ 1.5 亿千瓦。业界普遍认为，实现风、光装机规模的快速扩张并不困难，最大的挑战在于保障电网负荷与出力的平衡，其中涉及的核心问题是电网安全问题。

首先是发电供电平衡更加困难。受风力大小、移动云层等因素的影响，风电、光电的随机性、波动性较大，静稳天气下的风电、夜间的光电出力将降为零，间歇性问题严重。2020 年，我国新能源日最大功率波动达 1.34 亿千瓦，而我国抽水蓄能、燃气等灵活调节电源占比仅为 6%，且空间上分布不均，系统调峰调频调压矛盾突出，电网运行控制的难度明显增大。风、光电的出力曲线与负荷曲线往往呈现相悖的特点。“极热无风、极寒无光、晚峰无光”，在极端情况导致用电负荷急剧攀升情况下，风、光电往往顶不上。2020 年 8 月，美国加州因酷暑天气导致用电压力激增引发大规模停电，而其可再生能源改革步伐过快，无法提供稳定的电力以应对需求是主要原因。

国内也有相关问题的警示。2020 年入冬以来，由于经济快速恢复增长，叠加大范围寒潮天气影响，我国能源需求特别是用电需求快速增长。2020 年 12 月 14 日、16 日、30 日和 2021 年 1 月 7 日，全国最高调度负荷连续 4 次创出历史新高，特别是今年 1 月 7 日晚高峰负荷达到了 11.89 亿千瓦，比 2020 年夏季峰值增长了 10% 以上。因为用电负荷高峰出现在晚上，所以光伏发电没有出力，刚好当天全国大面积无风，风力发电的装机出力只有 10% 左右，全国 5.3 亿千瓦风电和光伏发电的总装机中近 5 亿千瓦没有出力；冬季又赶上枯水期，我国 3.7 亿千瓦水电装机，在高峰时段也有 2 亿多千瓦没有出力。另外，由于冬季也是天然气的用气高峰，我国近 1 亿千瓦的天然气发电装机中近一半机组没有出力，因此全国剩余电力装机应对负荷高峰，保障起来难度非常大。我国湖南、江西等地由于用电需求激增，但因当地可再生能源出力不足，省外送电量有限，当地缺乏安全稳定的能源作为应急填补电力缺口，出现电力供应紧张的局面，被迫拉闸限电。预计 2025 年，华中电网最大电力缺口将达 3300 万千瓦，华中电网是我国西电东输的枢纽，迫切需要提高稳定的本地基荷电源比重。

其次，电网应对突发事件的能力严重下降，极易发生电力系统崩溃事故。大量新能源和新型电力电子设备的接入改变了电力系统的安全稳定机理。新能源机组不具备主动调压、调频能力，抗干扰能力差。传统电源通过发电机发电，能够为系统提供转动惯量，而风、光电通过逆变器并网，无法为系统提供转动惯量。而电力系统的转动惯量对于维持电网的频率、电压等特性稳定至关重要。系统转动惯量持续下降，一次调频整体性能显著降低，大功率缺失极易诱发全网稳定问题。2019 年 8 月，英国大规模停电事故的起因即是由于海上风电涉网耐频性能不足，导致频率发生大幅变化而脱网所致。另外值得注意的是受到全球气候变化的影响，过去“几十年一遇”甚至“百年一遇”的极端天气气候事件，正变得越来越常见。极端气候事件发生频率明显增加，可再生能源电力可靠性低等问题突出。一个代表性的事件是发生在 2021 年初的美国得克萨斯州（以下简称“得州”）大停电事故。美国得州遭遇历史性极端寒潮天气，电力系统几近崩溃，受极端天气影响，占得州总发电量 70% 的天然气和风力电源机组出力下降 40%，导致供电能力与用电负荷严重失衡。由于大量天然气管道出现冰堵以及气井冻结导致气源供应中断，燃气机组被迫停运，造成 3000 万千瓦的电力缺口。作为第三大电源的风电因风力涡轮机冻结导致发电设施瘫痪，凸现出可再生能源易受气候影响、可靠性低的问题。

核电不易受天气影响，具备较强抵御极端天气灾害的能力，是全天候零碳的基荷电源，在安全性、高效性和稳定性上具有独特优势，能够确保区域供电安全。核电运行稳定、可靠、换料周期长，适合承担电网基本负荷及必要的负荷跟踪。随着能源系统清洁化、低碳化转型进程的加快以及煤电的逐步退出，核能作为“零碳”能源体系的基荷电源，以及支撑电网消纳大比例非水可再生能源的作用正愈发凸显。

我国风、光、水等能源资源丰富地区大多距离负荷中心较远，大规模集中式开发已给电网调度和调峰带来一定困难，而位于负荷中心较近的海上风电等开发成本较高，而核电大多分布在东南沿海等用电负荷区、工业中心区，核能与作为间断性的可再生能源（风电和太阳能）互补发展，可以降低东部地区外来电比例，这在降低输电损耗、减少电网投资的同时，能为东部地区接受外来电力解决远距离电力消纳、发展分布式电源提供有利条件，也能增强电网抵御严重事故的能力、降低大面积停电的风险。

3. 保障国家能源供应安全

当前世界百年未有之大变局加速演进，我国面临的国际环境日趋复杂，不稳定性不确定性明显增加。错综复杂的国际环境对我国能源安全保障提出新的挑战。

我国一次能源结构的特点是富煤、缺油、少气。我国煤炭资源总储量居世界第三位，但由于很多地方地质条件复杂，开采困难，储量中的很大比例无法开采，使得真正可采的煤炭减少，煤炭资源现状并不乐观。石油和天然气的对外依存度高，在 2020 年分别达到 73% 和 43%。新冠疫情对全球能源的产业链、供应链产生了严重冲击。航程相对较长、运载量较大的海上能源运输因新冠肺炎疫情造成一定程度中断。为应对疫情，各地采取的隔离、限制流动、延期开工或停工等措施对于能源生产也产生影响。

党的十九届五中全会提出要统筹安全和发展，能源行业亟需摆脱较高的对外依赖度，加强能源保障的战略自主性。核能是一种重要的战略能源。核能能量密度高，核燃料易于储备，可有效提高能源自给率。1 台百万千瓦核电机组每年仅需新装约 30 吨核燃料，燃料所需库存空间很小，便于储备较长供应时期的燃料。例如，我国建设 90 天石油进口量的储备，需要投入 380 亿美元，相当于 150 台百万千瓦核电机组 5.4 年铀资源储备的资金投入。因此，发展核电有助于提高我国的能源安全保障，对于构建新发展格局、推进“四个革命、一个合作”的能源战略、建设现代化能源体系具有重大意义。

实现能源结构多元化、降低对单一能源品种的依赖，是全球各国共同的战略选择。作为一种清洁能源，核能在美国“能源独立”过程中发挥了重要作用。美国各州根据自身的经济社会发展水平和电力发展水平、资源禀赋选择了不同的能源组合。大多数州在石油危机之后选择了建设核电站，实现了核电的规模化发展，核能发电比例早在 20 世纪 70 年代就达到全国发电量的 20% 以上，并维持相当长一段时间，至今才略微下降。目前美国在运的约 100 台核电机组分布于 31 个州，2010 年美国 GDP 排名前 15 名的州全部拥有在运核电站，一次能源消费前 8 位的州也全部拥有在运核电站。当前及今后的一段时期，我国仍处于经济快速发展时期，对能源电力的需求仍将继续增长，同时在碳达峰、碳中和目标的约束下，我国煤电装机规模将逐步缩小，由此产生的电力缺口未来将由清洁能源发电补齐。为保证我国能源的长期稳定供应，核能将成为必不可少的替代能源。目前，我国虽然核电在建装机规模位居世界第一，但核能装机规模电量占比相对较低，核能发电比例还远低于美国等发达国家，甚至远低于世界平均水平，核电布局也始终停留在沿海省份而裹足不前。发展核电有利于调整能源结构，优化电源布局，缓解能源输送压力，是解决我国能源短缺、保障能源安全的有效措施，有利于保障国家能源安全和经济安全。

第三节

我国核电的安全保障

1. 我国核电安全运行纪录

2020 年，我国投入商运的核电机组继续保持安全、稳定运行，各核电站四道安全屏障完整，期间根据《核电站营运单位报告制度》（HAF001/02/01）共上报执照运行事件 20 起，其中 1 起被定为国际核事件分级（INES）1 级[①]运行事件，未发生 2 级及以上的运行事件[②]。各运行核电站未发生较大及以上安全生产事件、辐射污染事件、环境事件，未发生火灾爆炸事故，未发生职业病危害事故。

根据 WANO 发布的 2020 年度业绩指标[③]数据统计，中国大陆具备统计 WANO 综合指数标准的 47 台核电机组中，28 台机组的综合指数为 100（满分），综合指数介于 90 至 100 之间的机组有 15 台，综合指数介于 80 至 90 与 70 至 80 之间的机组分别有 2 台，没有综合指数低于 70 的机组（见表 4-2）。

---

① 国际核事故分级表把核事故共分为 7 级，其中将对安全没有影响的事故划分为 0 级，影响最大的事故评定为 7 级，1 级到 3 级被称为核事件，4 级到 7 级被称为核事故。

② 本节参考自《中国核能发展蓝皮书 2021》。

③ 目前，WANO 评价核电机组关键业绩性能的指标有 14 项，分别是机组能力因子、非计划能力损失因子、强迫损失率、电网相关损失因子、临界 7000 小时非计划自动停堆次数、临界 7000 小时非计划停堆次数、高压安注系统性能、辅助给水系统性能、应急交流电系统性能、燃料可靠性、化学指标、集体辐照剂量、工业安全事故率和承包商工业安全事故率。

表 4-2　中国大陆及世界主要核电国家在运机组 WANO 综合指数（2020 年度）

指数分段	世界（台）	中国大陆(台)	美国（台）	俄罗斯（台）	法国（台）	韩国(台)
100 分	83	28	39	2	0	0
90-100 分	110	15	35	11	3	6
80-90 分	93	2	12	9	9	12
70-80 分	60	2	4	12	17	4
0-70 分	54	0	4	2	27	1

我国核电机组的 WANO 综合指数满分比例与平均值分别达到 59.57% 与 97.24（见表 4-3），均高于美国、俄罗斯、法国、韩国等主要核电国家的水平，同时优于全球机组。

表 4-3　2020 年度世界主要核电国家 WANO 综合指数情况

	全球机组	中国	美国	俄罗斯	法国	韩国
有效机组数量	400	47	94	36	56	23
满分机组数量	83	28	39	2	0	0
满分机组比例	20.75%	59.57%	41.49%	5.56%	0.00%	0.00%
平均值	86.59	97.24	94.72	84.09	71.64	85.26

2. 严格的核安全监管体系

核电站从选址、设计、建造到调试、运行和退役，每个阶段都有严密的质量保证大纲，每一阶段的每项具体活动都有专门的质量保证程序。核电站还实行内部和外部的监查制度，监督检查质量保证大纲与程序的实施情况及是否起到应有的作用。核电站对工作人员的选聘、培训、考核和任用也十分严格，并且实行持证上岗制度（见图 4-7）。

图 4-7　核电站质量保证体系

（1）科学选址

选择合适建造核电站的地理位置（选址），是核电工程的第一个环节，也是核电安全管理的起点。为了防止放射性的意外泄漏，核电站厂址对地质、地震、水文、气象等自然条件和工农业生产及居民生活等社会环境都有严格到近乎苛刻的要求。这些要求已经以法规的形式确定了下来，只有满足要求的厂址，才有可能得到国家核安全监管部门的批准（见图 4-8）。

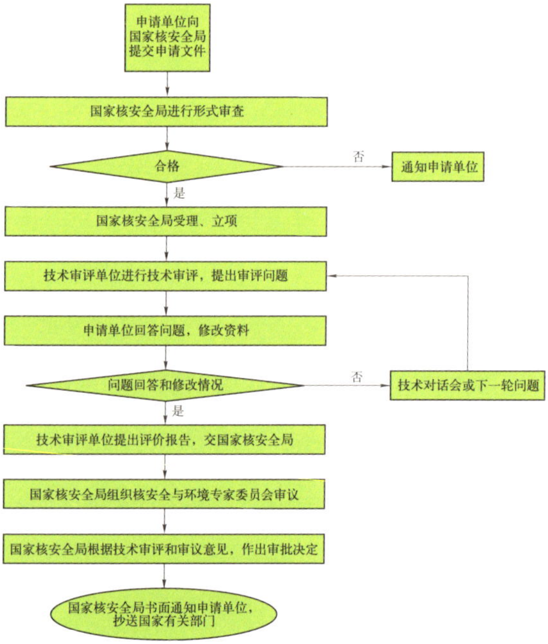

图 4-8　核电站选址的一般流程

核电站在安全管理上必须设立应

急计划区，为了有利实施，厂址应选择在人口密度较低的地区，而考虑到供电方便与经济，核电站又应尽可能靠近负荷中心。

核电站选址要求非常高，而且很多条件是互相牵制的。所以选址工作既复杂又费时间，在选址过程中要研究调查的是：人口密度与分布、土地及水资源利用、动植物生态状况、农林渔养殖业、工矿企业、电网连接、地质、地形、地震、海洋与陆地水文、气象、交通运输等历史资料和实际情况。采用的方法有：卫星照相、航空测量、地面测量、地下勘探、大气扩散试验、水力模拟试验、理论模型计算等。

（2）纵深防御、多重保护

为了防止放射性物质的泄漏，人们对核电站设置了四道安全屏障，严防放射性物质泄漏（见图 4-9）。

燃料芯块

第一道安全屏障：燃料芯块

燃料芯块是烧结的二氧化铀陶瓷基体，它的大部分微孔不与外面相通。核裂变产生的绝大多数放射性气体滞留在二氧化铀陶瓷芯块中。

燃料包壳

第二道安全屏障：燃料包壳

小指头大的燃料芯块叠装在锆合金管中，把管子密封起来，组成燃料元件棒。一般称锆管为燃料元件包壳管，它能够把核燃料裂变产生的裂变产物和放射性物质密封住，防止其进入一回路水中。

压力容器

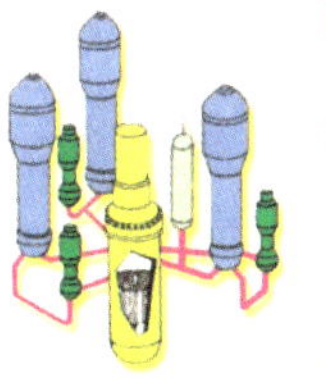

第三道安全屏障：压力容器（反应堆冷却剂压力边界）

由核燃料构成的堆芯封闭在壁厚20厘米的钢质压力容器内，压力容器和整个一回路都是耐高压的，放射性物质不会泄漏到反应堆厂房中。

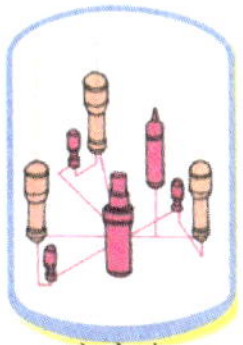

安全壳

第四道安全屏障：安全壳

反应堆厂房（安全壳）是一个高大的预应力钢筋混凝土构筑物，壁厚约1米，内表面加有6毫米厚的钢衬，有良好的密封性能，能防止放射性进入环境。一回路的设备都安装在这里。安全壳内还设有安全注射系统、安全壳喷淋系统、消氢系统、空气净化和冷却系统等。安全壳能承受极限事故引起的内压和温度剧增，能承受龙卷风、地震等自然灾害，能承受外来冲击，如飞机坠毁的撞击。

图 4-9　四道安全屏障

为了确保核安全，核电站的设计遵循“纵深防御、多重保护和多样性”的原则。例如，重要工艺参数和设备尺寸都留有充分的裕度，具有相当大的安全系数。关键的控制系统和仪器仪表都同时有两套或两套以上，一旦一套发生故障，另一套立即自动投入运行。反应堆运行一旦出现异常，快速停堆系统立即起作用，安全棒快速降落，使反应堆停堆。一旦发生事故，一套完善的专设安全设施自动投入运行，从各方面控制事故的发展，使其恢复到安全状态。

国际原子能机构还要求为核电站设置五道防线（见图 4-10）。

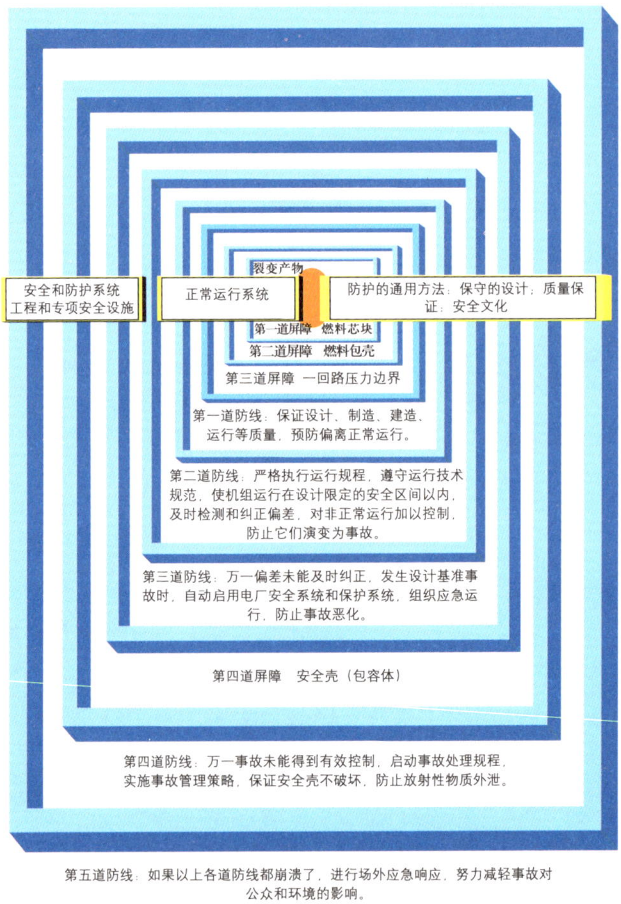

图 4-10　纵深防御中五道防线与四道屏障的关系

（3）设备制造

核电站设备制造包括核岛主设备（反应堆压力容器（见图4-11）、蒸汽发生器、反应堆冷却剂泵、稳压器等）、安全系统的设备和通用设备（例如罐、泵、电动机、热交换器等）、常规岛主设备（汽轮机、发电机、给水泵、汽水分离再热器、主变压器等）以及通用设备的制造、检验、质量监督要求等。对于核级设备，我国有独立的核安全监督部门进行监督审查。监督部门对核设备制造企业实行许可证制度，只有具备资质的企业，才能制造核级设备。

图4-11　反应堆压力容器

（4）现场施工

现场施工（见图4-12）是核电站整个安全管理环节中一个十分重要的阶段，因为它是为电厂安全运行提供物质基础的基本保证。这一阶段，施工监理和设备制造监督活动是对质量标准执行效力的监督。施工监理是国家基建程序中必须履行的过程，而设备制造监督属于业主质量控制的重要环节。

在核电站的建造阶段，建造现场集中了众多的施工和安装单位及大量的工作人员，工种繁多，技术高度复杂。对于不同的现场建造活动，其质量保证的等级是不同的。业主单位一般通过质量保证规范书提出不同的具体要求，并在重要的关键点上设置甲方控制点，一旦发现偏差，必须如实记录并制订和执行纠正计划。对特殊建造工艺的鉴定和相关人员的资格都有特定的要求。

图 4-12　核电站施工现场

（5）运营管理

核电站运行安全规定中明确规定：核电站的管理必须保证核电站安全运行，必须遵守相关法律、法规要求。核电站安全运行的三大要素是：反应性必须得到控制、反应堆的热量必须得到及时导出、放射性的后果必须得到包容。

核电站的管理职能包括决策职能、运行职能、支持职能和审查职能。决策职能包括确定管理目标、确定核安全和质量政策、分配财力、物力和人力资源、批准管理大纲内容、制定使员工状态胜任其工作的制度，并根据实现管理目标过程中的业绩对上述各项制度进行必要的修改计划；运行职能包括在运行状态和事故状态下为核电站运行做出管理决定和采取行动；支持职能包括从厂内外组织获得为执行运行职能所需要的技术和管理服务及设施；审查职能包括履行运行职能和支持职能的情况进行严格监察，并进行设计审查。

图 4-13　操纵人员在监控核电站运营

（6）行业监管

我国核电站的建设虽然起步晚，但是，核安全保障体系（见图4-14）的建立起点高，并与国际接轨。

一是国家颁布了一整套的核安全法规标准，在核安全方面基本采用了国际标准。

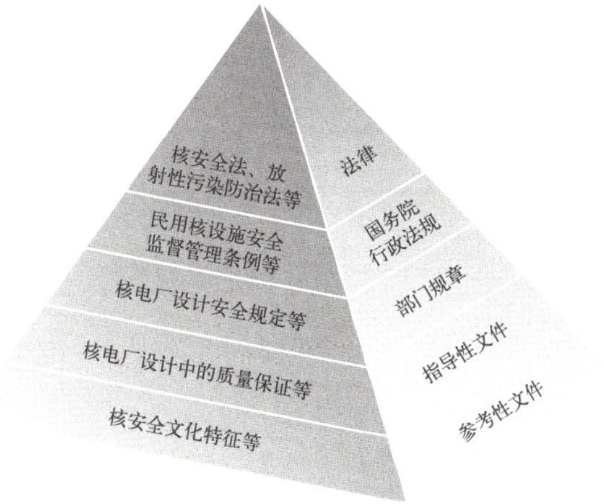

图 4-14　我国核安全法规体系

二是核电站的设计和建造都为保证核安全而采取严密的手段和严格的措施。

三是我国有独立的核安全监督和环境监督政府部门，对核电站的建造和运行实行许可证制度，实施严格的审查和监督(见表4-4)。

表4-4 核电站建设许可证制度

阶 段	必须提交的报告	许可证种类
选 址	选址报告选址阶段环境评价报告	厂址认可
建 造	初步安全分析报告建造阶段环境评价报告	建造许可证
首次装料	最终安全分析报告装料阶段环境评价报告场区应急预案	首次装料许可证
运 行	试运行总结报告修订的最终安全分析报告试运行阶段环境评价报告修订的场区应急预案	运行许可证
退 役	退役申请报告退役环境评价报告	退役许可证

(7)国际核事件分级

国际核事件分级表将事件分为7级：1～3级称之为“事件”；4～7级称之为“事故”。无安全意义的事件被划分为“分级表以下/0级”。对于在辐射或核安全方面没有安全相关性的事件，分级表没有对它们进行定级。

为向公众通报事件，国际核事件分级的每个级别用一句明确的短语来描述。按递增的严重程度排列，它们是：“异常”“一般事件”“重大事件”“影响范围有限的事故”“影响范围较大的事故”“重大事故”和“特大事故”。

制定该分级表的宗旨是，分级表中的事件每增加一级，严重程度将增加大约一个数量级(即分级表是对数性的)。1986年切尔诺贝利核事故和2011年福岛核事故在分级表中被定为7级，因为它对人和环境造成了广泛的影响。在制定国际核事件分级定级准则时考虑的主要因素之一是，确保在安全上不太严重和具有局部后果的事件与非常严重的事故明显分开。因此，1979 年三哩岛核事故在国际核事件分级中被定为 5 级。

分级表的结构见表 4-5 和图 4-15 所示。对于事件的考虑来自以下三个不同方面的影响：

1）对人和环境的影响可以是局部性的（即事件场所附近的一个人或几个人受到辐射剂量，或者放射性物质从装置中大量释放）。

2）对设施的放射屏障和控制的影响仅与处理大量放射性物质的设施（例如动力反应堆、后处理设施、大型研究反应堆或大型源生产设施）有关。它涵盖的事件例如包括反应堆堆芯熔化，因放射屏障失效而造成放射性物质泄漏，从而威胁人和环境的安全。

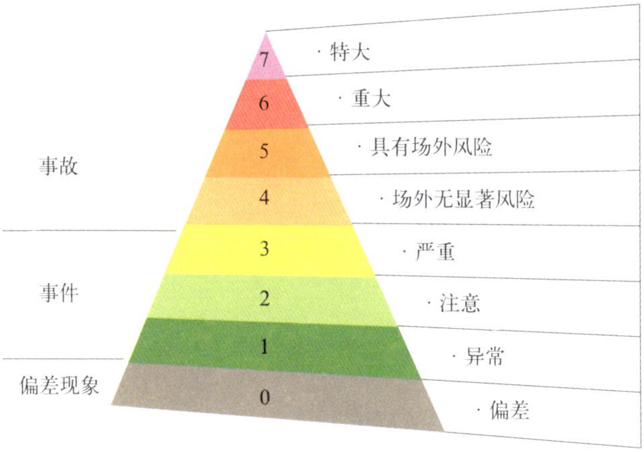

图 4-15　核事件分级

3）纵深防御减退主要涉及没有实际后果的事件，但在这些事件中，为预防或应对事故而采取的措施没有如期运作。

1 级事件只是涉及纵深防御减退，2 级事件和 3 级事件涉及纵深防御较严重减退或给人或设施造成较低程度的实际后果，4 级至 7 级涉及给人、环境或设施造成越来越严重的实际后果。

尽管国际核事件分级涵盖广泛的实践，但是与一些实践有关的事件不可能达到分级表的较高级别。例如，与工业射线照相中使用的源的运输有关的事件永远不会超过 4 级，即使对源的操作和处理不正确。

表 4-5 国际核事件分级（INES）的一般准则和实例

描述和 INES 级别	人和环境	设施的放射屏障和控制	纵深防御	实例
特大事故 7 级	放射性物质大量释放，具有大范围健康和环境影响，要求实施所计划的和长期的应对措施			1986 年苏联切尔诺贝利核电站（现属乌克兰）事故；2011 年日本福岛第一核电站事故
重大事故 6 级	放射性物质明显释放，可能要求实施计划的应对措施			
影响范围较大的事故 5 级	放射性物质有限释放，可能要求实施部分所计划的应对措施； 辐射造成多人死亡	反应堆堆芯受到严重损坏 放射性物质在设施范围内大量释放，公众受到明显照射的概率高。其发生原因可能是重大临界事故或火灾		1979 年美国三哩岛核电站事故
影响范围有限的事故 4 级	放射性物质少量释放，除需要局部采取食物控制外，不太可能要求实施所计划的应对措施； 至少有 1 人死于辐射	燃料熔化或损坏造成堆芯放射性总量释放超过 0.1%； 放射性物质在设施范围内明显释放，公众受到明显照射的概率高		
重大事件 3 级	受照剂量超过工作人员法定年限值的 10 倍； 辐射造成非致命确定性健康效应（例如烧伤）	工作区中的照射剂量率超过 1 希 / 小时； 设计中预期之外的区域内严重污染，公众受到明显照射的概率低	核电站接近发生事故，安全措施全部失效； 高活度密封源丢失或被盗； 高活度密封源错误交付，并且没有准备好适当的辐射程序来进行处理	
一般事件 2 级	一名公众成员的受照剂量超过 10 毫希； 一名工作人员的受照剂量超过法定年限值	工作区中的辐射水平超过 50 毫希 / 小时域内设施受到明显污染	安全措施明显失效，但无实际后果； 发现高活度密封无监管源、器件或运输货包，但安全措施保持完好； 高活度密封源包装不适当	

续表

描述和 INES 级别	人和环境	设施的放射屏障和控制	纵深防御	实例
异常 1 级			一名公众成员受到过量照射，超过法定限值； 安全部件发生少量问题，但纵深防御仍然有效； 低放放射源、装置或运输货包丢失或被盗	
无安全意义（分级表以下/0 级）				

（8）核应急

为了避免发生核事故和辐射事故，减轻事故后果，需要在某种情况下立即采取超出正常工作程序的行动，这就叫作核应急。核应急工作的任务是控制、减轻、消除核事故或辐射事故可能造成的人身伤害、财产损失及环境破坏，有效处置核恐怖事件，保障公共安全。

我国核应急工作的指导方针是 24 个字：常备不懈、积极兼容，统一指挥、大力协同，保护公众、保护环境。

核应急体系是国家突发公共事件总体应急体系的组成部分。根据国家有关法规要求，我国的核应急组织体系分国家、省和核电站三级（见图 4-16），每一级都成立了应急组织，编制了相应的应急预案。

核电站内的应急预案习惯上叫场内应急计划，省一级的应急预案也叫作场外应急计划。应急计划是针对应急相应行动所制定的有关规定，包括目的、政策、组织机构、职责分工、协同等行政规定，同时还包括应急下主要应急响应设施、设备、器材、交通、通信工具等的物质安排。场外应急计划还要对公众防护措施以及在应急情况下的行动要求作出规定。

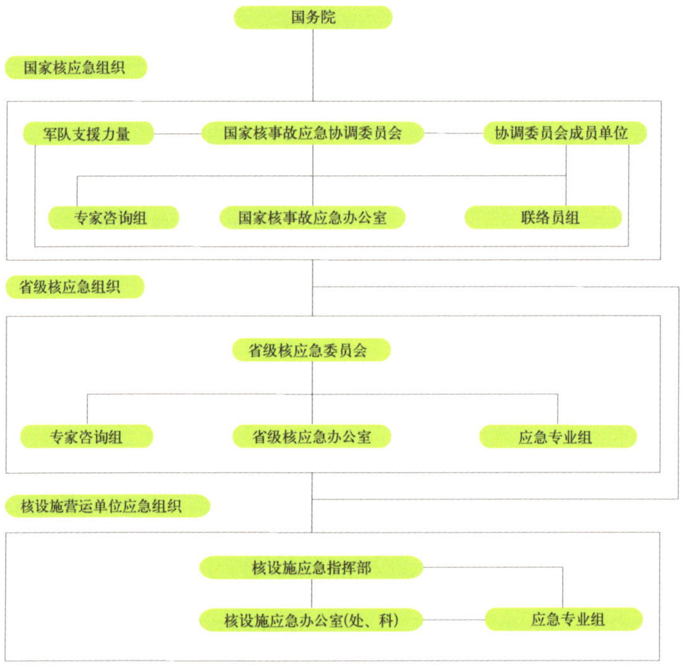

图 4-16　我国核应急组织体系图

为了做到常备不懈，核电站和各级应急组织都要定期组织演练和演习（见图 4-17）。

图 4-17　核应急演习

3. 核安全文化建设

（1）核安全文化

核安全文化是存在于组织和个人中的各种特性和态度的总和，它建立这样一种概念，作为超越一切的首要问题，核电站的安全问题由于它的重要性要保证得到应有的重视。

核安全文化既强调组织体制，也强调个人态度。其中，个人态度、思维习惯和组织氛围往往是无形的，这些无形的特性又往往通过有形的方式表现出来，因此，要建立各种办法，通过有形的方式检验无形的内涵。核安全文化要求、安全职责必须得到正确履行，即要求具备警觉性、充分的思考、全面的知识、准确的判断和高度的责任心。归根到底，安全文化解决的是人的本质安全化问题，即通过教育人、培养人、改造人，使全体工作人员形成正确的思维习惯和正确的工作作风。

核安全文化由两个主要方面组成：一是由组织政策和管理活动所确定的安全体系；二是个人在体系中的工作表现。各级组织和个人对安全的重视体现在：一是个人对安全重要性的认识；二是通过培训、教育及自学获得的知识和能力；三是高级管理层的承诺，他们用行动体现安全的高度优先地位，并且要求安全目标被个人所认同和接受；四是通过领导力、目标设置、奖惩机制，以及个人自发的态度提升积极性的激励制度；五是有效的监控；六是清晰的授权责任制。

对于核电员工个人来说，除了严格遵守确定的程序以外，他们必须按“安全文化”来行事，那就是：严谨的工作作风、质疑的工作态度、相互交流的工作习惯。

我国始终将核安全视为事业的生命线，高度重视核安全文化建设。为贯彻国家安全战略，落实“理性、协调、并进”的中国核安全观，国家核安全局、国家能源局和国防科工局联合发布《核安全文化政策声明》。在新的核电发展形势下，中国核电在充分借鉴国内外先进经验的同时，结合已有安全文化推进成果以及我国文化的特点，提出了《卓越核安全文化的十大原则》，见图 4-18。

图 4-18　卓越核安全文化的十大原则

（2）培训授权

为了确保核电站安全和经济运行，核电站必须有称职的人员按照设计标准和规范进行运行和维护，电厂的每个成员在执行各种任务之前，必须经过培训，并获得相关授权与工作资格。

为了培训合格的运行人员，核电站建立了以全范围模拟机为主体的培训中心（见图 4-19）。在该中心还配备原理模拟机、维修技能实验室、实物模型等各种培训设施。培训机构、管理制度、培训教材、培训设施等构成了核电站培训体系。

图 4-19　核电站全范围模拟机

运行人员培训是各类人员培训的重点。核电站实行运行值倒班制度。每个运行值通常包括值长、副值长、主控制室操纵员及其他技术人员。这些人员统称为核电站操纵人员。运行人员培训是一条阶梯化的岗位培训流程。从新员工开始，第一级是现场巡视员，第二级是现场技术员，第三级为学习操纵员，取得操纵员执照后担任操纵员，第四级为学习高级操纵员，取得高级操纵员执照后担任高级操纵员。主控制室操纵员培训周期较长，他们应具有理工科大专以上学历，具备两年以上本电厂现场运行经验并本人有志成为核电站操纵员，应通过核电基础培训，再通过模拟机上预培训、正常工况培训、故障工况培训、事故工况培训，最后经取照考试合格者才可能成为操纵员。要取得高级操纵员执照，需经过类似的学习和选拔考核过程。

第 5 章

核电是经济高效的能源

第 5 章 核电是经济高效的能源

第一节

核电的经济性

除了绿色、低碳和稳定可靠的优势外，与风电、光伏和水电等其他清洁能源相比，核电在经济性方面也保持有一定的竞争力。目前我国在运的第二代和第二代改进型核电上网标杆电价基本与煤电上网电价持平，低于当地光伏、风电等可再生能源上网标杆电价。我国第三代核电技术不仅提升了核电机组安全性，同时兼顾了经济上的竞争力。第三代核电技术将电厂设计寿命延长至 60 年，电厂的可用率提升至 90% 以上，同时通过延长换料周期、提升机组容量、提高核电设备国产化率、降低建造成本等措施进一步降低核电运行成本，保证核电机组保持较高的经济性。初步测算，我国三代核电进入批量化建设阶段后，国内核电机组造价可以控制在 16 000 元 / 千瓦左右，与计入环境成本后的火电电价相比也具备潜在的竞争力。

尽管风能和太阳能的资本投资和运营成本同样会下降，伴随着越来越多可再生能源进入电网消纳，应对间歇性的成本（电网辅助服务等）将有所增加。从比较分析与长周期看，核电成本具有一定的优势。

1. 上网电价具有竞争性

目前我国核电标杆电价为 0.4 元 / 千瓦时左右（不同核电机组上网电价不同，如秦山核电机组为 0.41 元 / 千瓦时，大亚湾核电机组为 0.41 元 / 千瓦时，宁德核电机组则为 0.36 元 / 千瓦时），均低于当地的燃煤电价。

未来核电建设成本是呈下行趋势的，核电经济竞争优势将更加显著。随着核电建设自主化、规模化、批量化发展，核电的规模经济效应将逐步显现，核电设备的国产化也将大幅降低核电建设成本。同时，发展核电可以减少温室气体排放和雾霾天气，进而降低治理环境污染的费用。同时，核电成本的包容性大，是全成本，即核电的发电成本中除了燃料费、运行维护费、折旧费、财务费用外，还包括了电站退役的处置费用和对乏燃料的后处理费用（后者统一上缴国家财政）。而煤电的成本中目前有脱硫、脱硝、除尘成本，但没有对二氧化碳的收集、处置费用（如碳捕集技术费用）。这意味着，在碳达峰、碳中和背景下煤电成本压力下有增长空间，而核电成本没有这个增长压力。另外，随着电力体制改革的不断深入，核电参与市场化程度日益加深，交易电价远低于风光等可再生能源（见图 5-1）。

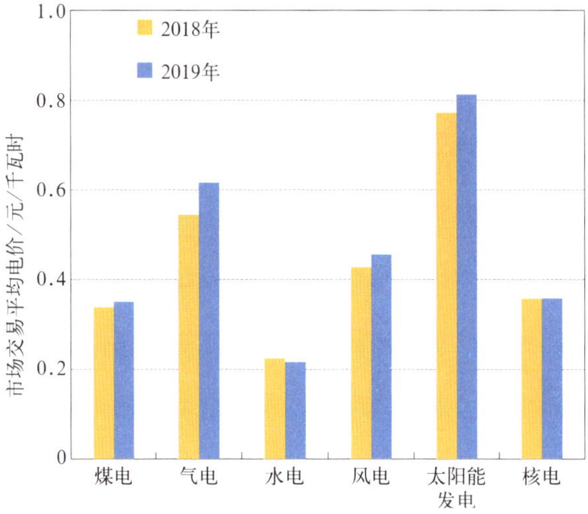

图 5-1　大型发电集团各类电源平均市场交易电价[1]

2. 运营费用低

与火电相比，核电最大优势是运行费用很低。核电发电成本的大部分是一次性投资的折旧费用和财务费用，日常运行所需的燃料费、人工费、运行维护费比较低，即便在包括了乏燃料后处理、废物处理费用和核电站退役的费用后，合计不足发电成本的 40%。火电的燃料费用受国际市场煤价和油价波动的影响很大，几乎要占到发电成本的三分之二以上。核电在还清建设本息之后，其发电成本大大低于煤电。美国有 100 多座核电机组，大多建成于 20 世纪七八十年代，起初每千瓦时核电平均成本超过 5 美分，在完成了还本付息后，到 2000 年降到 1.5 美分以下。今后西部水电随着开发难度加大和单位千瓦投资的增加，新增水电站上网电价预计将普遍

①王宁，朱沈超，陈芳斌，周胜。《中国核电与可再生能源发电协调发展初探》，可再生能源 .2021 年 8 月第 39 卷，第 1069—1077 页。

超过现行的核电标杆上网电价。在美国、法国等发达国家，核电的成本已经低于火电站。随着煤炭、石油等化石能源供应的紧缺，核电的价格优势就更加明显。

核电厂的商业模式非常类似于大型水电项目，其经营过程是电力市场需求和技术分析、项目选址、技术选择、设计、建设、发电运营与退役。经济性特点是投资大、固定成本高（包括折旧、贷款利息、退役基金等），但是变动成本较低，上网电价相对固定，不会因燃料价格上涨大幅波动。今年以来，全球天然气、动力煤、原油等能源品种价格纷纷涨至历史高位，化石能源发电受到较大冲击，电价大涨，但是核电出力稳定，发电成本波动小。

3. 平准化电力成本低

核能的平准化电力成本具有竞争力。平准化电力成本主要用于对比评估不同发电技术的平均发电成本。根据经济合作与发展组织（OECD）与经合组织核能署（NEA）联合发布的《电力供应的全部成本》，研究了不同折现率下的核电、煤电、天然气、可再生能源的全部成本，在 OECD 国家中，按 3%的折现率，核能是所有国家中成本最低的选择；折现率为 7%时，核电的中值接近于煤炭的中值，但是低于燃气轮机联合循环（CCGT）以及风光等可再生能源的中值；折现率为 10% 时，核电的中值则高于煤炭以及陆上风电的中值。平准化电力成本受折现率影响较大，特别是核电，这是因为核电是资本密集型产业，其成本会随着折现率的提高而迅速上升。

我国核电的投资主体为国有企业，折现率分布在 0 ~ 5%，即使折现率取 5%，核电的平准化电力成本的中值也低于煤电、天然气、风光等。在我国，与化石能源和可再生能源的平准化电力成本相比，核电具有长远的成本竞争力。

第二节

核电的高效性

1. 核电燃料能量密度高

核电燃料能量密度大。火电站利用化石燃料的燃烧所释放出的化学能来发电，核电站则利用核燃料的核裂变反应所释放的核能来发电。1 千克核燃料铀 -235 裂变释放的能量相当于 2700 吨标准煤燃烧释放的能量[①]（见图 5-2）。

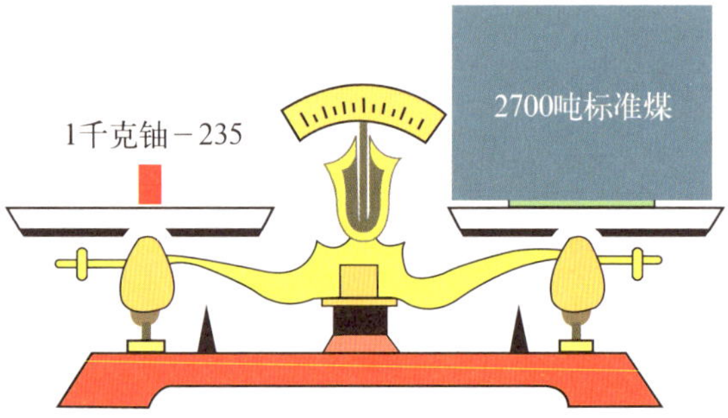

图 5-2　1 千克铀 -235 产生的能量与 2700 吨标准煤产生的能量相当

扫描二维码
了解更多

一座百万千瓦级的核电站，每年只需要补充 30 吨核燃料，一辆

① 郝东秦、汤紫德、朱清源，上海科学技术出版社，《中国核电经济性研究》，2021 年。

重型卡车即可运送；而同等规模的火电厂每年则需要烧煤 200 万吨，需要每天两列 40 节车厢的火车来运输。（见图 5-3）。

图 5-3　核电与火电燃料量消耗比较

地球上已探明的核裂变燃料，即铀矿和钍矿资源，按其所含能量计算，相当于化石燃料总能量的 20 多倍；而且，海水中还含有很多铀，海水中平均铀含量为 3.3 微克 / 升，据估算，海水中含有铀达 45 亿吨之多，只要能够实现经济开发，就有能力替代和后继化石燃料。

2. 核电机组利用小时数长

核能发电运行稳定，换料周期长，年利用时间长。核能发电几乎不受外界资源、环境的影响或制约，年利用小时数达 7000 小时以上，远高于其他类型的电源品种（见图 5-4）。此外，核电站设备技术和质量标准要求高，设备年利用率远超常规火电厂，同时核电是高负荷因子大功率密集性的能源，装载核燃料后可连续运行 18

个月。在供给可靠性方面，核电具有火电、水电、风电、太阳能发电等不可比拟的优势，更适合承担基荷电源[①]。

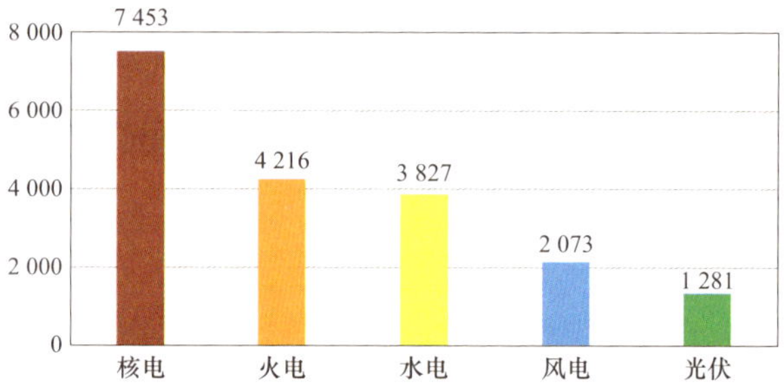

图 5-4　2020 年我国各类电源机组利用小时数

3. 占地面积小

相比于风能、太阳能等可再生能源来说，核能发电在占地规模方面具有显著优势。一座百万千瓦的核电站占地面积约为 60 公顷，同等装机规模的风电站需达到 35 100 公顷，太阳能发电站占地约 2878 公顷见表 5-1。

表 5-1　同等规模不同电源占地面积对比

电源形式（百万千瓦级电源）	占地面积 / 公顷
核电	59
风电	35 100
光电	2878

① 基荷电源是指能够提供连续、可靠电力供应的主力电源。

第三节

发展核电可有效降低低碳转型成本

1. 电力系统转型成本低

核电的系统成本极低。发电厂不是孤立存在的，它们通过电网与周围的经济、社会和自然环境相互作用，并与客户进行交互。系统成本通畅包括为了提供可靠的电力供应，必须保留备用容量，以覆盖大多数时间的发电厂的加油或维护停机时间；并且还必须为间歇性的风能和太阳能发电厂提供备用电源，以备不时之需操作；还必须规定将电力从产生的地方传输到需要的地方，提供备份和传输 / 分发设施所产生的成本。使用可调度能源（如核能）的系统成本极低。可再生能源受气候影响较大，具有不可控性，成本较高，甚至会超过其实际发电成本。随着间歇性可再生能源不断接入电网，损害了电力供应的安全性，引起了电力系统成本的不断攀升，如德国、奥地利、西班牙。研究表明任何一种间歇性能源占电力总额的 40% 以上，传统能源的发电成本都会随其容量系数的降低而大大增加。

碳约束下，核能将降低整个电力系统成本。美国麻省理工学院（MIT）发布的《碳约束环境下核能未来发展》研究报告对不同碳约束条件、不同核技术发展情况下，电力系统平均发电成本进行了研究。其中，中国以京津唐地区和浙江省为例（见图 5-5、图 5-6）。研究表明，在 10 gCO_2/kW · h 的排放目标约束下，完全不发展核电的电力系统平均发电成本是发展核电的发电系统平均发电成本的三倍多；即使在较为宽松的碳排放约束条件下，发展核电也明显降低电力系统的平均发电成本。

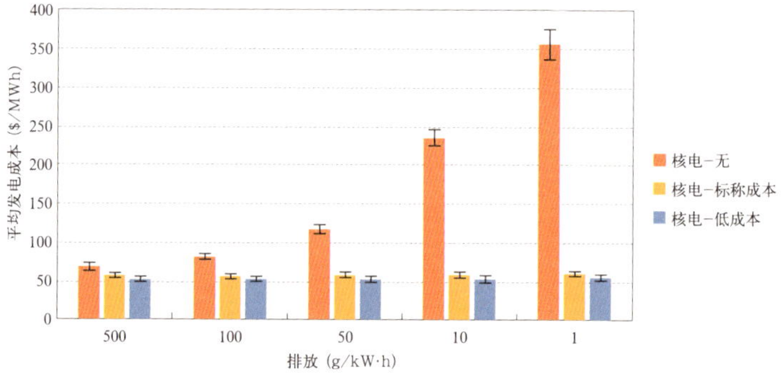

图 5-5　京津唐地区发电成本[1]

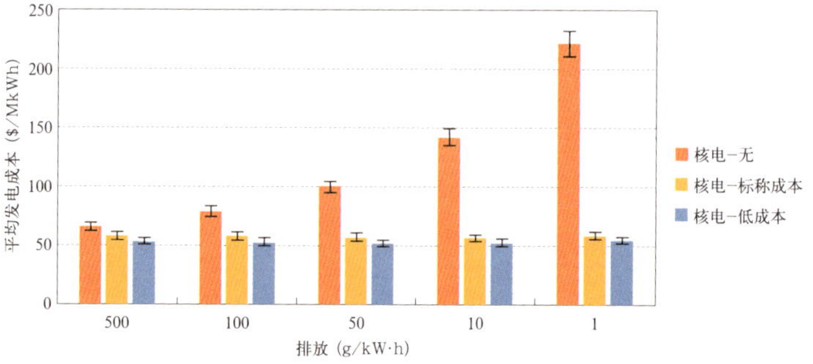

图 5-6　浙江省发电成本[1]

美国政策研究中心等四家机构联合发布的《清洁能源需要核

① 图中横坐标为二氧化碳排放极值，纵坐标为每兆瓦时平均发电成本，“核电 - 无”指完全不发展核电的情形，“核电 - 标称成本”表示在现有核电成本情形下，“核电 - 低成本”表示因技术发展核电成本降低 25% 的情形。

能》报告也表明相比于依赖可再生能源（如风电、太阳能发电）的电力系统，核能与其他可再生能源协调的电力系统可实现更低的碳排放[①]。该报告通过比较美国、法国和加拿大，发现没有核能的电力系统具有更高的碳排放，成本也更高。国际能源署（IEA）的研究结果表明，在没有核电的情况下实现清洁能源过渡需要额外的措施。而且核电可以帮助降低整合可再生能源以及降低电力系统转型成本的技术难度[②]。

2. 核能供热具有竞争优势

核能供热主要有单一核能供热和热电联产两种方式。与传统热源相比，核能供热可以显著减少污染物排放，有效改善我国能源结构，在实现“双碳”目标以及缓解燃煤运输压力等方面都具有积极意义。

单一核能供热方式是指以主要以供热为目的建造的低温供热核反应堆，在供热期内主要以供热方式运行，在非供热期内停运检修，考虑经济性也可用于生产同位素等其他应用。早在 1981 年，清华大学就提出了发展低温供热堆的倡议。1986 年 3 月，清华大学开工建设 5 兆瓦低温供热堆，1989 年 12 月满功率运行，开始向 5 万平方米的建筑物供热，连续供暖 100 天，验证了核能供热的优异性能。2017 年 11 月，中国原子能科学研究院启动 49-2 泳池堆开展供热演示，实现安全供热满 168 小时，具备为两座办公楼和

① 美国气候与能源解决方案中心、美国资本形成委员会政策研究中心、美国两党政策中心、能源解决方案论坛，《清洁能源需要核能》。
② 国际能源署，《清洁能源系统的核电》，2019 年。

49-2 堆厂房总面积约 1 万平方米的供热能力，标志着我国在核能供热技术领域的自主研发取得重要进展。在此基础上，中核集团发布了自主研发、可实现区域供热的“燕龙”泳池式低温供热堆型号。

核电热电联产是指从大型核电机组的汽轮机或管道中抽取部分热量，作为城市供热的热源。根据国际原子能机构统计，2020 年全球有 59 台商用核电机组（占总数的 13.3%）在发电的同时产生热水或蒸汽用进行区域供热，主要分布于寒冷的北欧和东欧国家，如俄罗斯、乌克兰、瑞典。国外商用核电机组区域供热达到2267万吉焦，相当于供暖面积 7847 万平方米。商用核电机组的核能供热的安全性与可靠性已经得到验证，至今积累了超过 1000 堆·年的应用经验。

环保效益好

“燕龙”低温供热堆每年可替代 32 万吨燃煤或 1.6 亿立方米天然气，而每年消耗的核燃料仅大约 2.5 吨，可极大地缓解了运输压力。同为功率为 400 兆瓦的核能供热与燃煤锅炉、燃气锅炉的环保效益比较如表 5-2 所示。

表 5-2 功率为 400 兆瓦的不同热源环保效益比较

热源类型	二氧化碳（吨 / 年）	二氧化硫（吨 / 年）	氮氧化物（吨 / 年）	烟尘（吨 / 年）	灰渣（吨 / 年）	放射性（毫希 / 人 · 年）
燃煤锅炉	640 000	5000	1600	5000	50 000	0.013
燃气锅炉	204 600	—	807	31	—	—
核供热堆	0	0	0	0	0	0.005

商用核电机组热电联产提供城市供暖，具有清洁、安全、稳定、高效的优良特性。秦山核能供热项目全部建成后，具备 150 兆瓦供热能力，减少燃烧标煤约 2.46 万吨，减排 CO_2 约 5.9 万吨。

核能供热具有经济竞争性

单一供热的低温核供热堆在运行 4、5、6 个月时，核能供热价格分别为 47 元 / 吉焦、38 元 / 吉焦和 35 元 / 吉焦。在供暖价格上，优于燃气供暖和采电供暖，可比燃煤供暖。秦山核电站一期核能供热项目热价同徐州燃煤热价相同，同为热价 30 元 / 平方米。海阳核电站核能供热二期项目建成后，海阳城区的取暖费也下降了，从原有的 22 元 / 平方米降到 21 元 / 平方米，每平米下降 1 元，收取的取暖费总计 1.113 亿元。随着后续海阳核电站 6 台机组建成投运，预计 2030 年最终供热半径达到 100 千米，年收取取暖费 42 亿元。

2019 年 11 月，海阳核电核能供热项目一期工程正式投用，开创国内核能商业供热先河，被国家能源局授予“国家能源核能供热商用示范工程”。2021 年 11 月，海阳核能供热二期项目投运。2021 年 11 月 10 日，秦山核电站开始为 4000 户居民供暖面积 46 万平方米，为南方集中供热项目起到了良好示范作用。

第 6 章

发展核电对经济社会发展的贡献

第 6 章 发展核电对经济社会发展的贡献

第一节 发展核电对产业带动作用明显

核能产业链条长，其建设与运行对多个关联产业形成了直接和间接拉动，在促进地方和区域经济增长、拉动装备制造业与服务业发展、创造就业等方面贡献明显，对经济社会全局和长远发展具有重大引领带动作用。

1. 发展核电具有重大技术引领作用

核电是高科技战略性产业，涉及 70 多个专业学科，核能产业是在地质勘探、采矿、冶金、化工、电力、机械和电机制造、建筑、电子和精密仪表、环境保护等产业部门技术基础上发展起来的，涉及物理、化学、生物学、地质学、气象学、电子学、半导体技术、信息处理技术、自动控制、材料科学、传热学、流体力学、环境科学、结构力学、医学、生理学、心理学、经济管理等学科领域，是需要跨学科和跨行业合作的高科技产业之一。发展核电涉及工业领域的技术发展基本代表了冶金、材料、机械、电子仪器等众多行业最复杂最前沿的技术，对开发设计、冶炼、铸造、热处理、精密制造等许多生产工艺有极高的要求。

在我国积极发展核电的背景下，中国一重承担了实现核电锻件国产化的重任。从 20 世纪 60 年代开始，中国一重就开始艰苦研制核电装备，并成功生产出我国第一台核压力容器。核电产品的科研生产取得突破，“二代 +”“三代”核岛主设备全部锻件研制成功，实现批量生产，扭转了我国核电重大技术装备所需关键设备和大型铸锻件受制于人的局面。值得一提的是，中国一重和中国原子能科学研究院完成了第四代核能系统——中国首台实验快堆主设备反应堆容器及堆内构件、旋转屏蔽塞设备的全部制造任务，各项技术指标不仅达到设计标准要求，而且达到了国际先进水平，并且具有完全自主知识产权，标志着中国首座实验快堆核岛主设备全部实现国产化，展现了中国在复杂核设备领域的科技水平和实力。

“华龙一号”全球首堆工程带动上下游 5300 多家企业实现了 411 台核心设备的国产化，促进了国家高端重大装备制造业、相关服务行业的发展，对材料、冶金、化工、机械、电子、仪器制造等几十个行业的加工技术和工艺水平具有显著拉动作用。核能的科技创新辐射带动作用有助于打造自主可控、安全可靠的核产业链，解决“卡脖子”问题，助推我国经济高质量发展。依托核电项目，核电装备制造国产化、自主化不断推进，对于推动产业结构升级，培育和提升自主创新能力，转变工业发展方式具有重大意义。图 6-1

为“华龙一号”反应堆压力容器。

图 6-1　我国成功研制全球首台“华龙一号”核反应堆压力容器

2. 核电项目建设对产业链上下游的带动作用

核电项目建设周期长，资金投入大，一个项目从开始准备到最终退役大致可以分为四个阶段。第一阶段是前期准备阶段，从项目启动到厂址准备，大概要 5 ~ 10 年，投资约 10 亿~ 20 亿元。第二阶段是工程建设阶段，从核岛筏基浇灌第一罐混凝土（FCD）至项目竣工验收，大概要 5 年，一个两台百万千瓦级机组的核电项目投资大约为 400 亿元。第三阶段是核电站生产运营阶段，从机组建成发电到退役，寿期 60 年以上，年发电收入近 100 亿元。最后是退役阶段，退役和废物处理要 10 ~ 20 年甚至更长时间，退役基金约为固定资产投资的 10%。一个核电项目，从前期启动到后期退役，全周期约 100 年甚至更长时间，资金流前后达几千亿元人民币。投资建设核电站对相当多的产业形成直接和间接的拉动作用，有助于畅通国内大循环。

以国内成熟的“华龙一号”核电项目为例，两台百万千瓦级核电机组，从前期厂平工程到机组投产商运，周期长达近 10 年，其中建造周期为 60 ～ 70 月，项目总投资约 300 亿元，投产后每年可提供 150 亿千瓦时安全、清洁、经济的电力。

经估算，一台百万千瓦核电机组建设就可以创造 15 万个就业机会，如再加上核燃料供应及相关后续服务，单台机组全寿期可创造约千亿元人民币产值，对国民经济建设具有较强的拉动作用。据国务院发展研究中心研究成果，在核电建设阶段，1 元核电投资可以拉动社会总产出增长 3.04 元，每年可以拉动 GDP 增长 155 亿元。在核电运营阶段，1 元核电投资可以拉动社会总产出增长 2.22 元，每年可以拉动 GDP 增长 40 亿元。

在核电发展的带动下，我国在核燃料循环实现了较大幅度的技术进步，初步形成了包括铀矿地质勘探、铀矿采冶、铀转化、铀浓缩、元件制造以及乏燃料后处理、放射性废物管理等环节的完整核燃料循环工业体系，并具有相应的科学研究、工业设计、建筑安装、仪器设备制造、安全防护与环境保护、三废处理与处置的机构和设施，与美、俄、英、法一起成为全球为数不多的几个拥有完整核产业链体系的国家。

民用核技术产业除了核能发电外，还有核技术应用产业。这是一个市场规模更大的产业，国民经济的 10 大门类都是核技术的应用场景，其中工业应用最多，往下是医疗、农业等，其总产值比核电产业大 4 ～ 5 倍。

目前，核技术应用的全球产业化规模近万亿美元，发达国家的经济效应已经超过了 GDP 的 2%。美国长期保持在 GDP 的 4% ~ 5%，大约每年 8000 亿美元；日本和欧洲占 GDP 的 2% ~ 3%。我国核技术应用产业已初具规模，年产值超 3000 亿元，近年来年均增长率超过 20%，但整体来看体量还是不够，产值仅占 GDP 的 0.4% 左右。

核技术中很大一块是同位素，医用同位素一个很庞大的市场。我国利用研究堆已经研制出了 30 多种同位素，如钼 -99、碘 -131、碘 -125、锶 -89、磷 -32、钐 -153 等，可以满足国内的一些需求。但随着国内产业规模的不断扩大及核技术应用领域的拓展，市场上的同位素需求绝大部分要靠进口满足。例如我们熟知的伽玛刀治疗，其主要利用的是钴 -60 源，工业上也用了很多钴源，之前全部依赖国外进口。秦山核电站利用重水堆实现了自主生产。

小贴士

1958 年，开始应用钴 -60 治疗机进行恶性肿瘤的体外照射治疗，以后便发展成为一种有效的、常用的治疗恶性肿瘤手段。同时，利用镭管和钴管治疗宫颈癌也有良好疗效，对一期患者的治愈率为 90%，二期患者的治愈率达 50% ~ 80%。利用锶 -90 敷贴器和磷 -32 敷贴器，治疗各种皮肤病和眼部浅表疾病等方法，也较好地得到开展。

辐照灭菌的核心——钴 -60 的生产，此前一直是我国的“卡脖子”难题。通过历时近十年的研发攻关，秦山核电掌握了工业钴源生产技术，顺利投产至今已累计辐照生产钴源 7000 多万居里。2019 年 4 月，首批医用钴 -60 调节棒组件出堆，打破了国内医用钴 -60 长期依赖进口的历史，标志着我国正式具备了医用钴 -60 放射源自主产业化生产能力，具有重要的经济价值及社会效应。在 2020 年初我国抗击新冠肺炎疫情的战斗中，秦山核电重水堆辐照生产的钴源在全国各地用于医用物资辐照灭菌。利用钴 -60 对大批量一次性医用防护服进行辐照灭菌，相比传统采用环氧乙烷灭菌技术，灭菌效果相当，但所需时间从传统的一周以上压缩到一天以内，有力地支援了全国抗疫工作的开展。

第二节

核电站与地方经济社会融合发展

发展核电项目不但能改善地方能源结构，优化能源布局，保证电网安全及能源供应安全，对促进地方高质量发展意义重大。核电对于地方经济具有良好的拉动作用。

我国核电站对地方财政收入的影响主要来自税收[①]，包括营业税、城市维护建设税及教育费附加等。核电对国家和当地缴纳的税费为 8 ~ 9 分 / 千瓦时，一座大型核电站年发电 500 亿千瓦时，年产值高达数百亿元，纳税数额可达数十亿元以上，如秦山核电站三期 2 台 75 万千瓦核电机组，一年可为当地贡献约 4 亿元的税收，为当地提供了有力的经济支持。

另外，核电站对当地就业的拉动效果也十分显著。据统计，在我国 1 亿元的核电投资可以带来 625 个直接就业机会，1615 个间接就业机会和 1440 个农业就业机会，总就业机会为 3680 人。在核电企业进驻前，当地百姓收入大多来源于传统农业生产以及外出打工，收入较低且不够稳定，而核电行业的总体收入水平较高，在带动就业的同时也提高了当地百姓的收入。除了直接参与核电运营

① 摘自《中国核电经济性研究》。

的工作岗位，核电站食堂、宿舍等基础设施建成后，将有大批专家及员工进驻，配套产生大量后勤保障岗位面向当地公众进行招聘，大大增加了当地就业机会。

此外，核电项目建设和运行带来高技术人才，提升城市消费水平；核电项目还能显著改善城市基础设施，提升当地交通条件，提高城市知名度，有利于招商引资发展地方经济，可以依托核电站规划建设核电配套产业园区，对于实现地方经济平稳较快增长、实现高质量发展的目标作用显著。

据统计，全球晚上的灯光与国家先进发达水平呈正相关，而核电站分布数量也与国家先进发达水平的呈正相关。美国运行机组最多有 96 台，目前经济硬实力相对比较强；法国面积与四川面积相近，机组有 56 台；韩国面积与浙江相比，核电机组数量是浙江的 2 倍多。再看国内，广东省 2020 年国内生产总值荣登经济强省榜首，这是以在运 14 台机组、在建 2 台机组作后盾支撑。江苏省以在运 6 台机组、在建 2 台机组成为国内生产总值第二的经济强省。排名靠前的浙江、山东也是核电大省。

以下介绍一些核电站与所在地经济社会融合发展的实例。

1. 浙江秦山“零碳未来城”

核电产业园已在很多地方形成良好的文化生态。其中较有代表性的是海盐核电小镇。秦山核电来到浙江省海盐县后，给海盐县经济社会发展带来了强劲的动力。2020 年，海盐县实现地区生产总值 544.51 亿元，其中核电 115.54 亿元，占 21.2%。2020 年秦山核电贡献海盐县财政总收入16.79亿元左右，其中教育费附加7475万元。秦山核电还利用自身的优势，大力扶持海盐发展核电关联产业。海盐“核电小镇”成为浙江省首批37个省级特色小镇之一。海盐核电小镇是总规划面积约3.3平方千米，是中国核电城创新驱动、开放发展的重要平台，是海盐实施“支持核电、依托核电、发展海盐”战略的重要组成部分，2015年被列入第一批省级特色小镇创建名单。

在核电新发展模式上，秦山核电与海盐县政府正在共同探索打造“零碳未来城”，即“零碳能源＋产业之城＋科创之城＋生态之城”（见图6-2）。“零碳未来城”总规划面积约25平方千米，以“生产、生活、生态”三生融合为布局理念，重点打造“双核驱动，一镇提升”的空间格局，建设北部零碳产业核、南部未来科教核和核电小镇升级版，统筹推进“清洁能源示范基地、同位素生产基地、核工业大数据基地、核电人才培养基地”等四个基地建设，计划经过5～15年的努力，成为国内首个、国际领先的零碳高质量发展示范区。“零

图6-2　海盐核电特色小镇

碳未来城”将打造核能发电、集中供热、供汽制冷等零碳能源平台，吸引先进制造业集群、同位素医药研发及应用、核能制氢、核电教学研等产业，打造“零碳能源，绿色发展”的国家级高质量发展示范区，每年可直接减少二氧化碳排放 3000 万吨以上，创造良好的经济效益、社会效益和生态效益。

作为我国首批核能综合集中供热试点单位，秦山核电基地将打造江南核能供热示范区。核能供暖节能工程利用秦山核电基地机组冬季余热，实现热水循环供暖。项目建成后，具备 150MW 核能供暖能力，可供暖面积达 400 万平方米，这是秦山核电与海盐县政府合作的“为群众办实事”重要民生保障项目。经测算，秦山核电核能供暖项目全部建成达产后，相对于燃煤火电机组每年可减少标煤耗量约 2.46 万吨，相应地每年减排二氧化硫 1817 吨、氮氧化物 908 吨、二氧化碳 5.9 万吨，环保效果显著。

2. 山东海阳建设首个“零碳”供暖城市

2018 年 10 月 1 日，山东海阳核电（见图 6-3）1 号机组投

图 6-3　山东海阳核电站

运，发了山东省第一度核电。核能供热作为海阳核电核能综合利用的第一步，早在两年前就已迈出。2019 年 11 月，核能供热一期工程 70 万平方米项目建成投运，开创了国内先河，被国家能源局命名为“国家能源核能供热商用示范工程”。50 个小区、7000 余户居民享受到了高质量核能供暖。据测算每年可节约 2.32 万吨标煤，减排 222 吨烟尘、382 吨二氧化硫、362 吨氮氧化物以及 6 万吨二氧化碳，相当于减少约 5 台 10 吨的燃煤锅炉，对节能减排、改善环境作用显著。自 2020 年 11 月 25 日，全国“零碳”供暖城市创建暨国家能源核能供热商用示范工程二期开工以来，各项工作紧锣密鼓推进，满足今年供暖季建成投运的目标，届时将实现海阳城区居民核能供热全覆盖，创建全国首个零碳供暖城市。2021 年 11 月，海阳核能供热二期项目投运，为海阳市整个城区 450 万平方米的 20 万居民供热，取代了当地 12 台燃煤锅炉，相当于节约原煤 5.95 万吨，相应减少烟尘约 413 吨、氮氧化物约 671.3 吨、二氧化硫 709.8 吨，环保效益显著，海阳市成为全国首个“零碳”供暖城市。

海阳核能供热是在现有机组发电基础上进行的局部技术改造，从核电机组二回路抽取蒸汽作为热源，通过厂内换热首站、厂外供热企业换热站进行多级换热，最后经市政供热管网将热量传递至最终用户。该项目的创新性主要体现在以下几个方面：一是打破中国核电传统运营模式，提高了机组的热效率、经济性，减少了热排放，为核电发展开辟了新路子，为北方清洁取暖提供了新方案；二是在核电站与用户之间设置多个回路，同时采用对外供热监测、控制技术，有效保障供热安全；三是探索了一套适用于核电机组供热改造的审批流程，弥补了国内核能供热项目审批的空白；四是总结了一种以政府为主导，能源企业、热力公司配合协作，适用于大规模清洁能源供热的商业运营模式，有利于项目快速推进和各方利益的保障。

随着后续机组建成投运，预计最终可提供超过 2 亿平方米的供热能力，供热半径达 100 千米，每年可节约标煤约 662 万吨。预计在 2030 年前，国家电投将依托海阳核电及新核电基地，同时联合其他清洁能源供热方式，替代胶东半岛所有燃煤锅炉供热，一举打造供热“零碳”地区、北方地区清洁供热样板，为节能减排、打赢蓝天保卫战作出贡献。同时，海阳核电将以核能为基础，通过核能发电、核能供热、海水淡化、电储能和光储一体、氢能等多能互补、联合高效运行，提高能源利用效率，实现核电向核能拓展、单一核能向多能综合利用拓展，走出一条“现实可行，兼顾长远”“由易到难，分步实施”“地方协同，产业配套”的创新务实发展之路。

3. 惠州太平岭“生态核电建设示范基地”

2019 年，惠州太平岭核电项目一期工程开工建设，1 号、2 号机组核岛和常规岛均已开工建设。惠州核电项目建设 6 台核电机组，总装机容量约 750 万千瓦，总投资约为 1200 亿元。惠州核电 6 台机组商运后，年产值可达 225 亿元以上，每年拉动当地 GDP 增长 266 亿元，每年上缴税收 34 亿元，每年直接带动就业机会 1.6 万个。

太平岭核电一期工程被中国能源研究会授予“生态核电建设示范基地”称号，成为我国首个“生态核电建设示范基地”（见图 6-4）。这是中国能源研究会授予的首块“生态核电建设示范基地”牌匾，标志着该项目的生态文明实践获得了中国能源业界的认可。

图 6-4　惠州生态核电建设示范基地

在生态核电理论体系的指导下，惠州核电项目深入分析了地方生态文明建设实际情况，研究提出“三生四层”的生态核电理论。“三生”是指共生、互生和再生，明确项目与周边自然、经济和社会人文发展的关系，共生是前提，互生是基础，再生是目标；“四层”是指空间上勾勒出太平岭核电与区域相互作用的地理范围，第一层是核电站核心区，第二层是紧密层，即稔平半岛，第三层是关联层，覆盖惠州市和深汕合作区，第四层是扩展层，延伸至粤港澳大湾区。

按照“三生四层”的总体思路，惠州核电编制了生态核电规划，拟定出六大生态化实施举措，推动了惠州核电生态示范工作：一是空间布局生态化，在区域主体功能定位和空间规划下，兼顾项目发展需要，合理布局生产空间和生活空间，实现生态共融；二是生产技术生态化，核电站优先采用绿色、成熟、先进的技术、产品及服务；三是自然环境生态化，采取保护、恢复、改善、利用的方法，更好地保护环境，开发生态产品；四是人居生活生态化，共建共享基础设施，共同提供更多优质生态产品；五是社会人文生态化，倡导绿色生活理念和生活方式，打造美丽惠核社区；六是“核电 +”经济圈生态化，以惠州核电项目为平台和牵引，以能源互联网为核心，以区域资源禀赋和绿色电力消纳为基础，打造全新的核电经济生态圈。

4. 海南生态清洁能源岛建设

目前，核电是海南省清洁能源生产的主力军，约占清洁能源电力的 90%，占规模以上工业发电量的四分之一。海南的核电是由海南昌江核电站（见图 6-5）的一期项目两台装机容量各为 65 万千瓦的机组提供的。2019 年，《国家生态文明试验区（海南）实施方案》（下称《方案》）印发，指出，提出将海南建设成为清洁能源优先发展示范区，建设海南清洁能源岛。海南正在“构建以清洁煤电、核电为主力电源，燃气和抽水蓄能为调峰电源，以可再生能源为重要组成部分的电源结构”。

图 6-5　海南昌江核电站

海南已经明确了能源发展战略，今后海南的能源中，核电是主能源，气电等是调峰能源，现有的煤电要逐步进行低碳低排放改造，至少要达到气电的排放水平。正在规划建设中的海南昌江核电站二期项目，同样也是由两台装机容量各为 65 万千瓦的机组组成。预计到 2030 年，清洁能源的装机比重达到 80%，到 2035 年，清洁能源的装机比重达到 85%，到那个时候海南将成为名副其实的清洁能源岛。

5. 田湾核电被誉为中俄核能合作典范项目

田湾核电站（见图 6-6）位于江苏省连云港市连云区，建设 8 台百万千瓦级压水堆核电机组。当前田湾 1 到 6 号机组在运，7、8 号机组在建。田湾核电站一期工程（1、2 号机组）是中俄核能合作标志性工程，二期工程（3、4 号机组）是中俄深化能源领域合作重点项目，三期工程（5、6 号机组）是“十二五”核电机组收官之作，四期工程（7、8 号机组）是中俄两国核能领域迄今为止最大战略合作项目。2016 年俄罗斯总统普京表示“田湾核电站拥有非常好的口碑”。2017 年田湾核电站被习近平总书记誉为“中俄核能合作典范项目”。2021 年 5 月 19 日，习近平总书记和俄罗斯总统普京共同见证了田湾 7、8 号机组开工建设。

田湾核电站在运机组运行状况总体良好，在建机组“四大控制”总体正常，全厂各类安全风险指标受控，核安全状态满足国家监管要求。截至 2022 年 3 月，累计安全发电超过 2900 亿千瓦时，上缴税费超过 200 亿元，直接带动就业近 2 万人，减排效益相当于在江苏省种植超过 8.5 万公顷绿色森林，创造了良好的经济效益、社会效益和环境效益。

图 6-6 田湾核电基地实景图

8 台机组全部建成后，田湾核电基地总投资超过 1500 亿元，装机总量超 900 万千瓦，年总产值超过 240 亿元，每年可提供清洁电力超过 700 亿千瓦时，有力推动江苏省产业结构和能源结构调整，维护华东电网安全和区域能源供应安全，打造核能多堆型综合利用产业群、建设多能互补零碳示范基地，为我国实现“碳达峰、碳中和”目标作出重要贡献，为进一步深化中俄新时代全面战略协作伙伴关系提供强劲“核动力”。

第三节

核电正成为国家名片走向世界

在全球紧迫的碳约束背景下，核能正成为全球实现碳减排与碳中和的重要手段，特别是对于支撑发展中国家实现经济增长与碳排放的脱钩具有重要价值。全球核电发展的重心正在从传统核电大国转向新兴经济体，越来越多的国家正在考虑或启动建造核电站的计划；在能源资源与技术制约下，核能在相当多发展中国家和地区具备经济技术的竞争优势。

1. 核电“走出去”成为国家战略，不断取得新突破[1]

2013 年 10 月，国家能源局首次提出核电“走出去”战略，推动将核电“走出去”作为我国与潜在核电输入国双边政治、经济交往的重要议题，支持企业以工程建设、设备制造、技术支持和国家银行贷款等多元化方式参与国际项目竞争，不断提高我国核电整体水平和国际竞争力。2014 年，“推动核电等技术装备走出国门”被首次写入政府工作报告中。国家领导人对核电“走出去”非常重

① 白云生等，《核电在我国未来能源结构中的地位与发展前景研究》，中国原子能出版社，2018 年版，第 67 页。

视，习近平主席和李克强总理在出访时多次将核电作为我国高技术产业的名片向世界推介。2015 年 12 月，在中非装备制造业展览会上，习近平主席在南非前总统的陪同下走进中核集团展台，认真观看了“华龙一号”3D 模型，并介绍说，这是我们自己的技术，我们要把它推向非洲和全世界。2017 年 6 月 8 日，在同哈萨克斯坦总统纳扎尔巴耶夫共同参观阿斯塔纳世博会中国国家馆时，在“华龙一号”模型前，习近平主席向在场嘉宾介绍说，“华龙一号”是中国完全自主知识产权的三代核电技术。2015 年，李克强总理考察中国核电工程公司时，老中青三代核电人争相向总理表示一定把“华龙一号”打造成世界一流核电品牌。总理说，你们为我撑腰，我去国际舞台为你们扬名。要用最高标准、最优质量、最好性价比，提升中国核电装备在国际市场的竞争力。

1993 年 8 月开工建设的巴基斯坦恰希玛核电站一期工程（C-1）是我国向国外出口的第一座核电站（见图 6-7），该项目由中方以“交钥匙”形式向巴基斯坦提供的一座 30 万千瓦压水堆核电站，以我国秦山一期核电站为参考，也是当时我国最大的高科技成套出口项目。2000 年 6 月，恰希玛核电站正式建成并网发电，同年 9 月，交付巴基斯坦投入商业运行。恰希玛核电站工程是中巴两国合作的结晶，被中国和巴基斯坦双方誉为“南南合作”的优秀典范。核电站投产运营至今，安全指标和运行业绩良好，得到国际原子能机构好评，向世界证明了中国核电出口的实力，为中巴两国在和平利用核能领域的进一步合作奠定了扎实基础。如今，巴基斯坦恰希玛核电站 C-1 至 C-4 机组已全部并网发电。恰希玛核电项目的成功实施，拉动了中国核电成套设备出口，进一步巩固了中巴两国全天候战略合作伙伴关系。

图 6-7　巴基斯坦恰希玛核电站

在国家大力支持下，我国核电“走出去”不断取得新突破。目前，我国累计出口 1 座核研究中心，5 台微型反应堆，7 台核电机组，积累了丰富的国外核电建设和运营管理经验。

2021 年中巴建交 70 周年之际，核能合作再结硕果。5 月 20 日，“华龙一号”海外首堆工程——巴基斯坦卡拉奇核电 2 号（见图 6-8）机组（K-2）完成 100 小时连续稳定运行验收，各项性能指标达标，经过 69 个月建设，目前建造、安装、调试各项工作圆满完成，正式进入商业运行。这标志着中国自主三代核电“走出去”第一站顺利建成，创造了国际最佳建设业绩，中国核电实现从“跟跑”到“并跑”。卡拉奇核电 2 号、3 号机组（K-3），采用三代核电技术“华龙一号”堆型，每台机组 6 万余台套设备，直接带动装备出口超过 120 亿元。项目全寿期可持续带动我国核燃料、核电站建设、运维、退役全产业链“走出去”，直接创造经济收入将超过 1000 亿元。

2021 年 10 月在第二届“一带一路”能源部长会议上，“华龙一号”海外首堆卡拉奇 K-2 核电项目入选能源国际合作最佳实践案例。

图 6-8 “华龙一号”海外首堆工程——巴基斯坦卡拉奇 K-2 机组

在国家首脑高度重视、政府部门的大力支持下，我国核电企业在国际核电市场上积极争取，采取多种形式，参与新兴核电市场开发，不断取得新突破。

2013 年，在中国、阿根廷两国元首见证下，核能合作纳入两国共同行动项计划。阿根廷同意与中方开展本国重水堆项目和压水堆项目合作，并参与 CAREM 小堆常规岛国际竞标。2014 年，中阿双方签署了《关于合作在阿根廷建设重水堆核电站的协议》。中国和苏丹签订了政府间和平利用核能合作协定，积极争取苏丹第一座核电站的建设。我国与沙特签署了核能合作谅解备忘录，为下一步开展合作奠定基础。与罗马尼亚达成合作开发切尔纳沃达核电站 3、4 号机组意向。另外，我国在南非、巴西等国开展了核能开发相关工作；与加拿大坎杜能源公司签订了《切尔纳沃达 3、4 号机组建设约束性排他合作协议》，与 Cameco 公司签订了《合作谅解备忘录》；与罗马尼亚国家核电公司签订项目建设意向书；与土耳其国有发电公司（EUAS）签署合作备忘录，启动在土耳其开发建设 4 台核电机组（采用 CAP1400 和 AP1000 技术）的排他性协商。

2. 核电“走出去”为国民经济发展作出更大贡献

在海外建设一台核电机组，从前期开始建设到运行，本身就需要十几年前期准备，核电站运行期间 40 ~ 60 年，再加上后续的退役治理等，就是百年合作。核电项目是打通国际大循环的重要载体，以核电项目为纽带，成就国家之间的“百年联姻”，将更有力地扩大对外开放，增强国际合作，促进合作共赢，加快构建新发展格局。随着我国自主三代核电品牌“华龙一号”的国内外首堆相继投运，标志着我国三代核电技术水平已跻身全球前列，进一步增强了“一带一路”沿线国家对“华龙一号”的信心，核电有望继高铁之后成为引领我国装备制造业出口的一张闪亮的“国家名片”。

核电“走出去”对国民经济发展具有显著的推动效果。从经济带动角度看，每出口一台核电机组直接带动产值大概在 300 亿元人民币，相当于 30 万辆汽车的出口价值，以“华龙一号”为例，一台机组包含 6 万多台套设备，在建设期需要约 60 万立方米方混凝土和 12 万吨钢筋，可有效带动国内外原材料、装备制造业发展，拉动地方经济增长；建成后，年发电收入近 32 亿元（按国内核电标杆电价估算），设计寿命 60 年运行期内将为投资者带来客观经济收益。从促进就业的角度看，“华龙一号”核电项目建设期间可为当地社会提供近万名就业岗位，在项目运行全寿期内，直接参与机组运行管理人员近 2000 名，同时创造大量间接服务就业岗位。从带动技术进步和工业革新角度看，核电作为高科技战略产业，将为核技术在工业、农业和医学等领域更为广泛的应用提供孵化平台和经济支撑。

第 7 章

核电发展展望

第7章 核电发展展望

第一节 世界核电发展政策及前景

世界各国已逐步摆脱福岛核事故的阴影，世界核电步入后福岛发展时代。全球能源低碳转型的紧迫需求为核能可持续发展提供新的机遇。国际原子能机构（IAEA）研究报告表明，发展核能是推动能源低碳化转型的重要选项。核电占发达经济体发电总量的 18%，是其最大的低碳能源选项，在过去的半个世纪中贡献了一半的低碳电力，是全球能源转型的重要贡献者。2019 年国际能源署（IEA）发布的《清洁能源系统转型中的核电》研究报告指出，清洁能源转型中核电扮演重要角色，如果发达经济体放弃对现有核电机组的延寿或开发新的核电项目，将对碳排放、发电成本以及能源安全产生明显影响，实现可持续能源系统将要困难得多。

全球核电发展的重心正在从传统核电大国转向新兴经济体，越来越多的国家正在考虑或启动建造核电站的计划。广大发展中国家在能源资源与技术制约下，核能在相当多国家和地区具备经济技术的竞争优势。根据世界核协会（WNA）等国际组织的统计，已有40多个国家计划在2035年前新建机组，其中已有明确规划，计划未来5～8年开工的规模超过100台/(0.9亿千瓦)(不包括中国)，未有明确规划，有望未来10～15年开工的规模超过200台/(2.3亿千瓦)。包括IAEA、WNA、经合组织核能署(OECD-NEA)、IEA等多家全球能源机构也都对未来全球核电发展前景进行了预测分析，尽管不同机构的预测数据有较大的差别（到2050年装机规模为4亿～10亿千瓦），但总体上都是积极的，强调核能在未来低碳经济和社会中将起到关键作用，同时未来全球核电的装机容量会有显著的增长。北美和西欧等传统核电大国所在地区未来的核电发展将处于停滞状态，有的地区甚至会出现倒退；未来的核电发展主要集中在亚洲和东欧地区。

1. 国际原子能机构预测2050年核电发展规模

2019年8月，IAEA发布《2050年的能源、电力和核电预测》，报告对2030、2040及2050年的全球能源、电力及核电发展进行了预测。

在全球与能源电力需求方面，世界能源需求至2030年将增长16%，至2050年将增长38%，年增长率约为1%；而电力需求的增长速度将更快，至2030年电力需求预计将以2.2%的年增长率增长，2030年之后年增长率预计维持在2%左右；电力需求占总能源需求的百分比将从2018年的18.8%增至2030年的21%，至2050年这个百分比将扩大至26%。

在核电发展方面，对全球装机容量的变化从两种情形下进行预测。在高值情形下，假定30年内现有核电机组广泛长期运行，且新建核电达到5亿千瓦，核电装机容量将增加到7.15亿千瓦。在低值估计中，到2050年，全球核电容量将减少7%，降至3.63亿千瓦，占全球发电量的6%。

2. 世界核协会发布预测未来核电发展

WNA发布《核燃料报告：2021—2040年全球需求和供应情况的设想》，报告中指出，未来20年，全球核能发电能力将以每年2.6%的速度增长。目前，核能发电量约占全球总发电量的10%，但由于核能零碳排放的技术特点，预计它的作用将不断扩大。在高值情形下，预计2030年全球核电装机容量为5.21亿千瓦，2040年为8.39亿千瓦。在低值情形下，到2030年，总核能发电能力将达到4.39亿千瓦；到2040年，总核能发电能力将达到6.15亿千瓦，产能增幅较低，但在预测期内仍将稳步上升。

2021年9月，WNA发布《世界核电站运行实绩报告》，指出2020年全球核发电总量为2553太瓦时，与2019年的2657太瓦时相比下降近4%。虽然有所下降，但核电机组在保障电力稳定、可靠供应的同时能够更好地应对电力需求的变化。尽管一些反应堆因需求减少或提供负荷跟踪服务而削减了发电量，2020年的全球反应堆容量因子为80.3%，仍保持了过去20年的高水平。

WNA指出，随着全球电力需求预计将大幅反弹，温室气体排放也将大幅反弹的风险确实存在，2008 年经济危机后复苏时期发生的反弹情况就是前车之鉴。而为实现气候目标，各国需大力发展核能来实现碳达峰、碳中和目标。

第二节

我国核电发展展望

在碳达峰、碳中和的背景下，我国能源电力系统清洁化、低碳化转型进程将进一步加快，核能作为近零排放的清洁能源，将具有更加广阔的发展空间，预计保持较快的发展态势。

中国核能行业协会于 2021 年 4 月发布了《中国核能发展报告 2021》蓝皮书，从核电运行、工程建设、科技创新等方面总结分析了“十三五”期间我国核能行业发展状况，并对“十四五”及中长期我国核能发展前景进行展望。报告指出，我国自主三代核电会按照每年 6 ~ 8 台的核准节奏，实现规模化批量化发展。预计到 2025 年，我国核电在运装机 7000 万千瓦左右；到 2030 年，核电在运装机容量达到 1.2 亿千瓦，核电发电量约占全国发电量的 8%。核能是安全、稳定、高效、可调度的清洁能源，作为目前唯一可大规模替代化石能源的基荷并具备一定负荷跟踪能力的电源，核电可以为电网运行提供稳定的电源支撑以及必要的负荷调节等保障，推动核能与风能、太阳能等可再生能源协同发展、互补发展，是构建以新能源为主体的新型电力系统的迫切要求。积极有序发展核能的战略定位更加明确，核能将在支撑我国碳达峰、碳中和目标实现过程中发挥更加不可或缺的作用。

“十四五”及中长期，核能科技创新的投入力度将进一步增强，核能领域重大的研发成果将不断涌现，先进核能技术有望进一步发展，“华龙一号”首批批量化建设项目、高温气冷堆重大专项、“国和一号”示范工程、快堆示范工程等将在“十四五”期间陆续投入运行。依托先进前沿技术的快速发展，核能数字化智能化发展速度将大幅加快。同时，核能综合利用的深度、广度、维度有望加速拓展，低温供热堆示范项目将开工建设，核能在工业供汽、海水淡化、制氢、核动力民用船舶、同位素生产等方面将发挥更加重要作用，一批核能多用途示范工程有望在“十四五”期间逐渐落地，围绕太空开发、极地破冰、偏远海岛的离网供电与供能等方面的核能工程化应用将进一步加速。

国内铀资源的勘查开发力度将进一步加大，进一步巩固我国铀资源保障体系建设。核燃料加工产业布局将进一步优化，自主品牌燃料组件将得到批量化应用，燃料组件关键技术有望取得重要突破，革新性核燃料元件也将取得重要进展（如图 7-1 为高温气冷堆燃料元件）。产业配套能力进一步增强，在关键设备、核心元器件、基础软件等“卡脖子”问题方面有望取得重要突破，核电装备的自主化和国产化水平将进一步提升。我国将逐步掌握大型乏燃料后处理工程的标准设计技术，初步建立起闭式循环的产业能力。若干低放废物处置场将建成，并将开展高放废物处置实验室建设，满足核电站放射性废物集中处置需求。

“十四五”期间，包括《原子能法》《放射性废物管理法》《核损害赔偿法》《核电管理条例》等在内的一批核电领域法律法规有

图 7-1　高温气冷堆球形燃料元件

望出台，还将在我国核电产业在厂址布局与落地、全产业链能力建设、参与电力市场交易、参与碳交易市场建设、公众沟通与科普宣传等方面制定一揽子政策。核能项目的开发将更加注重融入地方经济社会发展，不断探索创新与地方融合发展、利益共享的发展模式，增强核能企业与地方利益的关联度。各级政府与社会公众将更加认可、更加支持核能产业的发展。全行业核科普意识将进一步强化，核科普活动将呈现常态化，不仅注重面向公众传播核科学知识，还将致力于推动核科普进各级政府，营造出与“新阶段新理念新格局”相适应的政策和舆论环境，有效助推核能高质量发展、可持续发展。

第三节

核能技术未来发展方向

目前，全球能源正处于向清洁低碳转型发展的重要时期。全球核能界正在探索和开发新一代先进核能技术，以期解决当前核能发展中的安全、经济和环保等相关问题，同时为核能的清洁低碳供能拓宽了综合应用场景，提升了核能的安全性和可持续发展要求。根据国际原子能机构（IAEA）数据统计，截至 2020 年底，全球有 78 种先进堆型的概念设计（见图 7–2）。在先进反应堆研发中，

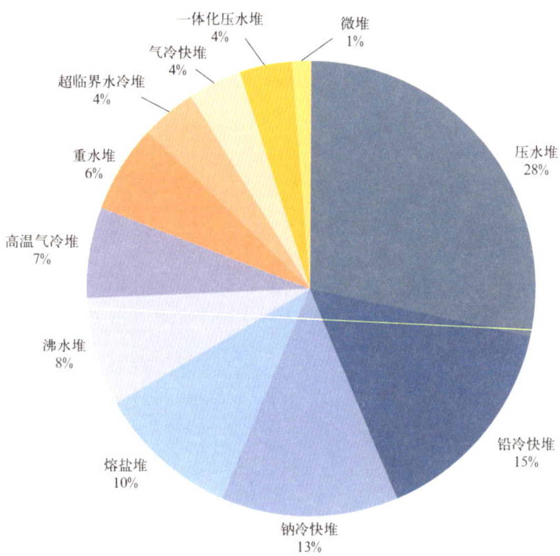

图 7–2　先进堆型中各类堆型的占比情况（截至 2020 年底）

压水堆和快堆是核能技术发展的主流方向。世界各核电大国都在积极研发包括第三代核电技术、第四代核能系统、小堆等先进核电技术，抢占核能技术发展制高点，并积极向商业化应用方向进行拓展。

1. 小型模块化反应堆

虽然目前核能仅主要用于发电，但技术创新将为核能提供越来越多的灵活性。核能创新发展的重要方向之一是开发高度创新的小型模块化反应堆，进一步提高核能应用的灵活性。世界主要核电大国正在加快推广应用小堆技术，并将其列入本国核能发展战略，IAEA 统计显示，全球目前有近 50 多种小型堆概念设计。各国大力推进小堆开发认证工作，2020 年 8 月，美国 NuScale 小堆成为迄今为止唯一获得美核管会（NRC）批准的小堆（见图 7-3）设计。NuScale 小堆采用压水堆设计，反应堆电功率 77 兆瓦，并能以 4、6 或 12 个模块组成的电厂部署。目前，NuScale 正在与犹他州联合市政电力系统公司合作，在爱达荷州国家实验室（INL）场址建造拥有 6 个 77 兆瓦模块的小堆电厂。

图 7-3　美国 NuScale 小堆反应堆模块

2. 多种先进堆型

21 世纪初，在美国能源部倡议下，由 9 个国家的高级政府代表讨论第四代核能系统发展中的国际合作，即第四代核能系统国际论坛（GIF），截至 2020 年，共 20 余个核能国家参与此论坛。GIF 旨在寻求技术创新和先进的反应堆设计，并寻求新的市场机会（供热、混合能源系统、可调度能源等）来降低成本，提升经济性，提高设计灵活性和热效率，减少放射性废物的体积和毒性，满足第四代核能系统的可持续性、经济性、安全可靠性和防扩散及实物保护的目标，表 7-1 列出了 6 种候选四代堆的特征。

表 7-1　四代堆六种后选堆型主要技术特征

系统	功率等级 /MWe	冷却剂	出口温度	燃料循环	中子范围
超临界水冷堆	300 ~ 700	水	510 ~ 625	开式 / 闭式	热 / 快中子
	1000 ~ 1500				
超高温气冷堆	250 ~ 300	氦	900 ~ 1000	开式	热中子
钠冷快堆	50 ~ 150	钠	500 ~ 550	闭式	快中子
	300 ~ 1500				
	600 ~ 1500				
铅冷快堆	20 ~ 180	铅	480 ~ 570	闭式	快中子
	300 ~ 1200				
	600 ~ 1000				
气冷快堆	1200	氦	850	闭式	快中子
熔盐堆	1000	氟化物盐	700 ~ 800	闭式	热 / 快中子

第四代核能系统中以钠冷快堆和高温气冷堆技术最为成熟。俄罗斯已经建成具备第四代核能系统特征的 BN-600、BN-800 钠冷快堆，中国正在建设的霞浦 60 万千瓦的示范快堆及石岛湾高温气冷堆示范工程，也具备第四代先进核能系统的特征。

3. 聚变堆技术

核聚变是未来的理想能源，具有燃料丰富、产能多、污染少和不产生放射性废物等优点，但是也存在着技术难关多、对材料要求高、资金投入大和实现时间不确定等困难。国际上通过合作和技术共享进行聚变堆的研究。国际热核聚变实验堆（ITER）计划于 2006 年诞生，35 个合作国家包括欧盟成员国（加上英国和瑞士）、中国、印度、日本、韩国、俄罗斯和美国，是当今世界规模最大、影响最深远的国际大科学工程。ITER 计划用 4.5 年完成安装，到 2025 年进行第一次等离子体放电，最终验证核聚变商业化应用的可行性。图 7-4 为中核集团正在开展的 ITER 重大部件吊装作业。2020 年 7 月 28 日，ITER 安装启动仪式在法国该组织总部举行，我国国家主席习近平致信祝贺。

图 7-4　中核集团正在开展 ITER 重大部件的吊装作业

我国可控核聚变研究走在世界前列。由中科院等离子体所自主设计、研制并完全拥有其知识产权的“东方超环”EAST 装置，是世界首个全超导托卡马克装置。2021 年东方超环接连创造了同类型实验装置运行的世界纪录。新一代“人造太阳”中国环流器 2 号 M 装置（见图 7-5）已建成并成功放电，为后续开展高参数高性能聚变等离子体科学实验奠定基础。

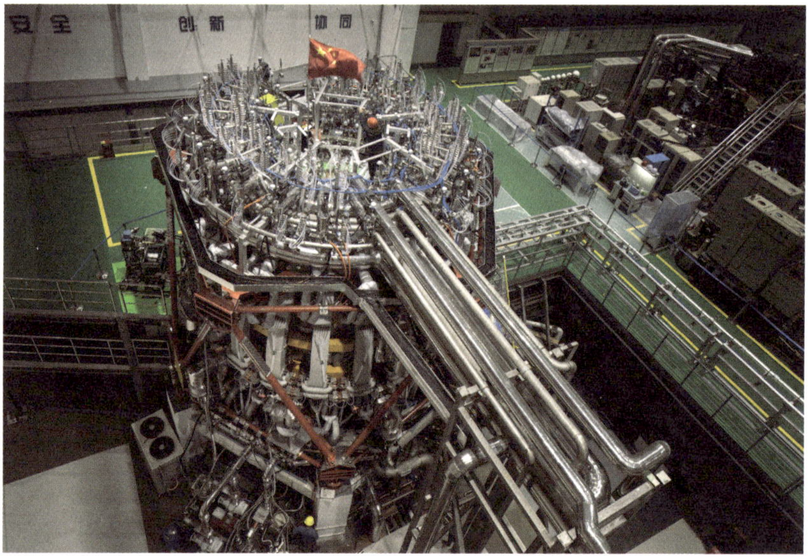

图 7-5　中国环流器二号 M（HL-2M）装置

4. 核能在陆海空天的应用

核能在深海、深空领域的应用已成为大国核心竞争力和国际影响力的重要标志。核反应堆因功率密度高，持续时间长，在太空任务中一直扮演着重要角色，其应用主要分为空间核电源和核推进两种。自 20 世纪中叶至今，美俄两国均投入了大量人、财、物持续进行空间核电源、核动力火箭的研制，进行了系统方案、关键技术和样机研究，建立了完整的研制体系与试验验证设施，完成了大量核热推进试验，形成了雄厚的技术基础和人才队伍，积累了多领域经验。

核热推进用反应堆代替化学火箭的燃烧室，喷气工质温度高、速度快，效率是传统火箭的两倍，能够明显缩短到达火星的时间。2020 年 5 月，美众议院批准 1.25 亿美元用于探索核动力火箭研制，国会另外提供额外 1 亿美元的资金支持。2018 年 11 月，俄罗斯凯尔迪什研究中心宣布，未来将使用核动力载人飞船进行星际探索，将太空探索延伸至火星之外的天体目标，且俄宇航局宣称，在火箭等离子体推进提供动力的气冷式裂变核反应堆方面取得重要进展。在空间核电源方面，2017 年 11 月至 2018 年 3 月，美国研制的千瓦级核反应堆 Kilopower（见图 7–6）成功带荷测试 28 小时，技术成熟度达 6 级，原型样机及关键技术已得到验证，具备工程化条件，为其在月球和火星表面建设基地提供强力支撑。

图 7–6　NASA 便携式核反应堆 Kilopower

核能在偏远、极地探索领域也发挥着重大价值。核动力破冰船是进行航道开辟、远洋运输、救援科考、资源开采、基础设施建设、极地旅游等民事活动的重要保障。常规动力破冰船燃料消耗多、自身负重大、续航动力不足，不能满足全年在中等厚度的多年冰龄环境下航行，核动力破冰船可实现在极端环境下的无间断、全天候、超长时间续航。俄罗斯拥有世界上数量最多、规模最大的破冰船队，也是世界上唯一拥有核动力破冰船的国家。2020 年 5 月，世界最大核动力破冰船“乌拉尔”号在圣彼得堡下水，后续俄罗斯计划在 2035 年将核动力破冰船增至 9 艘。世界首座浮动式核电站“罗蒙诺索夫院士号”（见图 7-7）于 2007 年 4 月开始建造，2010 年 6 月船体下水，2019 年 6 月获得核设施运行许可证，2019 年 12 月在楚科奇自治区的佩韦克港正式投入运营，向岸上用户提供电力（70 兆瓦）和淡水，取代佩韦克市查恩斯卡亚热电联供厂及比利比诺市的比利比诺核电站。

图 7-7　俄罗斯“罗蒙诺索夫院士”号浮动式核电站

“罗蒙诺索夫院士号”是俄罗斯基于 KLT-40S 型反应堆系统的浮动式核电示范电站，其运行寿期为 40 年，装置建造期为 4 年，将每 3 年进行一次换料，工作周期为 12 年。该核电站可提供高达 70 兆瓦的功率及 300 兆瓦的热能。同时，该浮动核电站也可每天生产 240 000 立方米淡水。

第四节

在安全前提下积极有序发展核电

1. 坚持核安全至上 始终擦亮中国核安全金字招牌

核安全是核工业的生命线。核安全从来无小事。发生一起严重核事故，会给国家利益甚至国家安全、人民生命财产、生态环境造成威胁或蒙受损失，同时也会断送核电发展发展前程。

2016 年 4 月 1 日，习近平总书记在第四届全球核安全峰会上指出：“法治意识、忧患意识、自律意识、协作意识（以下简称“四种意识”）是核安全文化的核心，要贯穿到每位从业人员的思想和行动中，使他们知其责、尽其职。”这一重要论述，引领我国核安全文化建设与发展的方向。全体核电从业者必须坚持“四种意识”为核心的核安全文化指引，以《核安全文化政策声明》8 项特征作为行为准则，以核工业精神和工匠精神作为精神内核的核安全文化特性。[1]

法治意识是基础。一是国家《核安全法》已经明文规定各企事业单位建设核安全文化的义务，必须以法规和制度体系建设为抓手，

① 顾健，贯彻核安全文化“四种意识”，《国防科技工业》，2022 年第 4 期。

切实将核安全文化融入生产、经营、科研和管理的各个环节，积极培育和建设核安全文化。二是应继续推进政府监管机构内部的核安全文化建设，以此为引领，不断培育全行业、全社会核安全文化建设的法治意识和法治思维，推进核安全文化建设的法治化进程，在“全民守法”中促进核安全文化的有形导出。三是持续强化核工业从业人员的法治意识、底线意识，将核安全文化转化为易于接受、深入人心的核心价值观，最后将核安全文化无意识地应用在实际工作中。

忧患意识是底线。目前核安全文化建设取得的成果还是初步的，部分人员的核安全意识还有松懈的可能，一些不良作业习惯还有抬头的倾向，人因失误导致的事件比例依然居高不下，核安全文化水平还有弱化的风险。我们要深刻把握任何事物的发展都是前进性与曲折性的统一这一规律，树立忧患意识，时刻保持警醒，将质疑的工作态度贯穿于核安全工作及核安全文化之中。

自律意识是方法。核安全文化建设是一个自上而下的行为过程，企业决策层、管理层的安全观及表率作用至关重要。领导者应带头参加核安全文化方面的培训和考核，在企业生产例会等重要会议上要把核安全作为重要议题，遇到核安全和经济效益产生矛盾时要态度鲜明地站在核安全一边，在践行核安全文化要求方面起到以上率下的作用，以“关键少数”的自律带动“绝大多数”的自律，最终实现全员核安全文化水平的整体提升。

协作意识是保障。一是加大国内与 IAEA、INPO、WANO、NRC 等国家组织的协作，重点在核安全文化建设的经验反馈、同行评估等领域开展深度合作，共同维护核工业“安全就是生命线”

的共同价值准则，构建全球核安全命运共同体。二是继续发挥政府监管部门作为核安全文化倡导者和引领者角色作用的同时，加强监管方与核工业企事业单位的协作，共同制定一份较为系统、科学和合理的核安全文化建设导则文件，推动国内核安全文化建设和评估的标准化。三是在核工业内部加强协作，核安全文化起源和发展主要在核电企业，国内各核电企业主要是通过引进消化吸收 INPO、WANO 的核安全文化成果后形成适合于自身的核安全文化特征和原则，鉴于国内没有统一指导性导则和标准的情况下，应加强核电企业之间的沟通协作，探索跨越各核电集团开展经验反馈等实践；此外，重点是将核电行业较高的核安全文化建设水平推广到相对起步较晚的核技术利用行业，改善行业内部核安全文化建设水平参差不齐的现状。

知责尽职是关键。WANO 的《核领导力有效性属性》指出，在当前核电企业大纲和流程非常相似的情况下，领导力成为改进绩效的关键因素。IAEA 一般安全要求中指出，“领导”是运用个人的才能和能力，借助于共同的目标、价值观和行为来指导个人和团队及影响士气、承诺实现基本安全目标和适用基本安全原则。因此，在企事业单位核安全文化建设中，首当其冲的是加强决策层这个“关键少数”的“领导力”建设，必须有推动核安全文化建设的健全组织和制度，该组织应由企事业单位内部的精英专家组成，具有与运营决策层相同的职级，且在重大核安全问题上有高于决策层的否决权。

2. 在安全前提下积极有序发展核电的举措

（1）依法有序推进核电事业高质量发展

目前，我国颁布实施有关核安全的法律有《中华人民共和国放射性污染防治法》《中华人民共和国核安全法》，同时也颁布了《民用核设施安全监督管理条例》《民用核安全设备监督管理条例》《核材料管制条例》《核电厂核事故应急管理条例》等行政法规 9 部，发布部门规章 30 余项和安全导则 100 余项，但与核安全法规体系健全的发达国家相比，仍存在不小的差距。

核能正在从原有单一电力供应转向多领域多用途应用拓展，需要制定适用于核能多用途利用的安全监管法规及相关标准体系，使项目从设计、规范、选址、监管等方面做到有章可循、有法可依，保障核能多用途利用可持续发展。进一步协调核能与其他行业的统筹联动，促进核能在其他行业中替代传统化石能源，降低碳排放。

因此，我国应持续强化核安全法规标准建设，形成法律、行政法规、部门规章相衔接，法规要求和技术标准相补充，中央和地方相结合的法规标准体系，实现核能开发利用安全监管全覆盖，为依法治核夯实基础。各省、市、自治区可根据自身情况制定核电及其相关设施厂址管理保护制度和促进核能发展的相关法规，对满足条件的核设施厂址进行妥善保护，依法依规开展社会稳定风险评估，妥善处理各类突发事件，促进核电持续、健康发展。还应及时总结国内外核安全实践经验，密切跟踪国际原子能机构和核电发达国家最新安全要求，不断更新法规标准，始终保持国际先进水平。

（2）规模化推进核电建设，优化核电布局

核电建设要以安全为前提，以形成的配套能力为基础，与设计和设备自主化能力相协调，与公众接受程度相适应，从实际出发，量力而行、稳步推进，在确保安全发展的前提下，积极有序推动核电建设，保证核电建设连续平稳。一方面，有序安排核电项目开工，保持核电建设的合理节奏，兼顾核电技术的连续性，进一步推进国产化、自主化能力提升，不断夯实和提高我国核电产业核心能力。另一方面，合理优化核电布局，政府有关部门统筹考虑安全保障、厂址条件、地区能源需求以及落实碳达峰、碳中和要求等因素，在珠三角、长三角、环渤海湾等煤电严控地区优先发展核电，稳妥推进内陆省份核电及核能综合利用项目建设，改善我国核电布局“东部沿海趋于饱和、中西部地区为零”的不均衡不合理局面。

（3）开发保护核电及相关配套设施厂址资源

研究建立核电及相关配套设施厂址保护制度，明确保护厂址的进入和退出机制。对列入保护和重点论证目录的厂址，相关省市地方政府会同企业做好厂址保护工作，为核电及相关配套设施长远发展提供保障。制定厂址保护资金筹集办法和对保护厂址所在地的补偿制度，建立互惠机制，探索开发式保护模式，实现保护和发展双赢、企业和地方共同受益。

（4）加快突破关键技术

加强核电关键技术和共性技术研究，严重事故预防缓解技术研究；启动数字化反应堆技术研究，智慧核电技术研究；开展核电厂

延寿技术研究；加快核电关键软件、材料、元器件的自主研发和应用，逐步实现国产化替代。加快核能产业链关键设备、部件及原材料研发，实现核心技术自主可控，解决“卡脖子”问题。

（5）加强核科技全产业人才培养

人才短缺掣肘核电产业高质量发展。为了吸引更多的优秀人才投身中国的核电事业，需要三管齐下：第一是注入新鲜血液，培育核电相关的专业人才；第二是外部引进，实现专业高端化，层次多样化；第三是内部优化，利用职业培训、环境改善等方式提高企业黏性，留住人才。

（6）建立稳定的天然铀供应保障体系

铀资源的短缺严重制约了我国核电事业的发展，进口依存度居高不下，也给我们核电事业可持续发展带来隐忧。加大国内铀资源勘查开发力度，加强海外天然铀资源开发，提高天然铀产品和资源储备能力，保障天然铀产业链、供应链稳定、安全、可靠。此外，积极推进核废料的循环利用，也可以一定程度缓解我国铀资源供应不足的压力。比如轻水反应堆产生的核废料中含有钚，在一定条件下，钚可以和快中子反应堆反应。值得进一步探讨的还有替代原料的开发与利用。科技进步日新月异，核原料的新发现势必为核资源稳定供应扫清障碍，为核电可持续发展提供活水之源。

（7）优化核燃料加工产业布局与能力

要充分发挥核燃料生产老基地作用，提升核燃料加工能力和水平，满足核电发展需求；按照市场化原则建设核燃料运输商业物流体系，确保核燃料加工各环节产品运输及时有效。制定具体的和核电发展规划相配套的核燃料加工产业发展规划，提高核燃料加工企业的预判能力和市场把握能力，减少产能过剩带来的负面效应。“十四五”期间，应本着扩内需、保供应、促发展的要求，逐步形成投资主体多元化、运行管理专业化、经营管理市场化的运营机制，逐步促进核燃料价格与市场持续稳定，为核电发电营造良好的外部环境。

（8）统筹安排核废料的处置环节

首先，要统筹核电厂核废料离堆贮存能力建设。在建设核废料处理厂配套水池的基础上，适时适当适量在核电厂补充建设核废料干法贮存设施，满足核废料离堆贮存的要求，保障核电厂安全运行。其次，有效推进核电厂中、低核废料区域处置和集中处置，落实中、低放核废料处置场工程项目建设，加快高放核废料永久性处置场建设，确保核废料安全处理。最后，积极推进核废料处理技术研发和工程建设。加强核燃料循环后段科技自主创新能力建设，按照产业化发展要求，适时开展自主化工程建设，指导并促进核燃料循环经济协调发展。

（9）健全公众沟通机制，提升核电社会接受度

核能的可持续发展离不开公众的理解、参与和支持。做好核科普宣传，营造友好舆论氛围已经成为核工业健康持续发展的重要基础之一。核能行业需要不断从转变沟通方式、创新沟通平台、提升

行业沟通能力等多方面努力，致力于建立透明、可参与的核能行业公众沟通长效机制，营造良好的公众沟通社会环境。加强涉核舆情监测与研判，规范舆情应对机制，快速响应突发事件，发挥权威媒体作用，针对谣言及时辟谣并发布真实信息，将负面舆情的影响控制到最小。对核科普工作要系统谋划、主动传播、做精科普品牌、筑牢统一战线、充分依靠大众、久久为功，一定就能不断迈上新台阶。[1]要推动核科普常态化，组织开展主题性、全民性、群众性核科普活动，广泛传播核知识。要将核科学系统知识进入各级学校相关课程中，同时提高党政领导干部的核科学素养，将“向上科普”与公众科普相结合，从多维度提升公众沟通水平，逐步打破“邻避效应”。最后，还需增强核能企业与地方利益的关联度，促进核能项目与地方经济融合发展，这也是核能公众沟通工作不可或缺的重要组成部分。以更透明、更开放的方式，以 Confidence（信心）、Connection（联结）、Coordination（协同）的“3C”沟通理念创新公众沟通实践。加强与政府、合作伙伴、社区公众等多利益相关方的全方位的交流互动，实现公众沟通的扩展，增强公众对核电发展的信心，畅通公众参与监督核电发展的联结渠道，力争实现政府、核电企业、行业协会、媒体等多方共同打造核电持续健康发展的良好氛围，更好地树立核电企业可靠、可亲、低碳、赋能的企业形象，共同创造更加美好的未来。

---

① 摘自《董保同：做好核科普工作应坚持“六要六不要”》。

附录一

党和国家领导人对核电发展的重要指示

毛泽东

我们国家，现在已经知道有铀矿，进一步勘探一定会找出更多的铀矿来。解放以来，我们也训练了一些人，科学研究也有了一定的基础，创造了一定的条件。过去几年其他事情很多，还来不及抓这件事。这件事总是要抓的。现在到时候了，该抓了。只要排上日程，认真抓一下，一定可以搞起来。

——1955 年 1 月 15 日，毛泽东在中南海主持召开中共中央书记处扩大会议，听取李四光、刘杰和钱三强的汇报，讨论并决定发展原子能事业，毛泽东就此作了重要讲话

我们进入了这样一个时期，就是我们现在所从事的、所思考的、所钻研的，是钻社会主义工业化，钻社会主义改造，钻现代化的国防，并且开始要钻原子能这样的历史的新时期。

——1955 年 3 月 31 日，在中国共产党全国代表会议上的讲话

今后原子能科学技术必须采取自力更生为主，争取外援为辅的方针。

——1958 年 9 月 17 日，引自二机部党组《关于大家办原子能科学问题向中央的请示报告》

周恩来

科学技术新发展中的最高峰是原子能的利用。原子能给人类提供了无比强大的新的动力泉源，给科学的各个部门开辟了革新的远大前途。

——1956 年 1 月 14 日，在《关于知识分子问题的报告》中强调指出发展原子能的重要意义

从长远来看，要解决上海和华东地区用电问题，要靠核电。

——1970 年 2 月初，在听取关于上海缺电情况的汇报时的讲话

充分准备，一丝不苟，万无一失，一次成功。

——1970 年 7 月 15 日、16 日，主持中央专委会会议，听取核潜艇核动力陆上模式堆运行试验准备工作情况汇报时强调。

二机部不能只是“爆炸部”，除了搞核弹外，还要搞核电站。

——引自《周恩来年谱》1970 年 11 月 7 日

我国发展核电厂的方针是：安全、实用、经济、自力更生。

——1970 年 12 月 15 日，主持中央专委会会议，第一次听取七二八工程技术方案汇报时的讲话。

周恩来主持中央专委会会议，正式批准上海 30 万千瓦压水堆电站的建设方案，同时要求二机部抓紧大型扩散机的研制、定型工作。

——1974 年 3 月 31 日，主持中央专委会会议

邓小平

中国已决定向法国购买一座大型核电站（两台核电机组）设备。

——1978 年 12 月 4 日，会见法国外贸部长弗朗索瓦一行的讲话

我认为继续搞是应该的（指核电厂），主要考虑国家财力的可能。……我认为由二机部抓总，较为妥当。

——1979 年 12 月 30 日，在国防科委《关于发展核电厂问题的请示报告》上的批示

（必须）善于利用时机解决发展问题……核电厂我们还是要发展。

——《邓小平文选》第三卷

深圳特区还要做好两件事，第一件事是要办好深圳大学，第二件事是要建设好广东第一个核电厂。

——1984 年，视察深圳时的指示

如果 60 年代以来中国没有原子弹、氢弹，没有发射卫星，中国就不能叫有重要影响的大国，就没有现在这样的国际地位。

这些东西反映一个民族的能力，也是一个民族、一个国家兴旺发达的标志。

——1988 年 10 月 24 日，在视察北京正负电子对撞机工程时的讲话

江泽民

安全第一、质量第一

——1990 年 6 月 21 日，视察大亚湾核电站并题词

今后我们还是要自己搞核电设备，不能老是买下去。我们已经有了一定的基础，望在可能范围内支持一下核动力骨干试验装置的建设。

——1991 年 6 月 15 日，在中国核动力研究设计院院长钱积惠的信上批示

和平利用原子能　发展中国核工业

——1994 年 10 月 1 日，为核工业创建 40 周年题词

发扬优良传统　勇攀核动力科学技术高峰

——1995 年，为核动力院建院 30 周年题词

发扬自力更生艰苦奋斗精神　再创核能事业新业绩

——1997 年 12 月 8 日，为核二院建院 40 周年题词

胡锦涛

希望核工业战线的同志们牢固树立和认真落实科学发展观，

坚持军民结合、寓军于民的方针，再接再厉，乘势而进，不断深化改革，不断提高自主创新能力，不断提高现代化管理水平，促进我国核工业又好又快又安全地发展。

——2002年2月10日，对我国核工业的发展作出的重要批示

党中央关于建设秦山核电站、发展我国自主核电的战略决策是英明的、正确的，也表明我国的核电建设队伍是一支勇于开拓、自觉奉献、能打硬仗的好队伍。

核电产业是高技术的战略产业。实践证明，高技术特别是核心技术拿钱是买不来的。要继续坚持以我为主，这是发展核电的必由之路。

我们的核电技术与发达国家相比，还有很大差距，这就要求我们在立足自主创新的同时，坚持对外开放，加强国际技术交流与合作，学习借鉴国外核电的先进技术和管理经验，努力提高我国核电的装备技术水平和运行管理水平。

——2002年6月23日，视察秦山核电基地时的讲话

大力发展可再生能源和核能，争取到2020年非化石能源占一次能源消费比重达到15%左右。

——2009年9月22日，出席联合国气候变化峰会开幕式并发表重要讲话

核能是当前世界公认的清洁能源，积极发展核电是优化我国能源结构、减少污染和排放的重要举措。

——2010年9月5日，考察大亚湾核电基地时指出

习近平

看到中国核电在浙江起步，在浙江发展，心中非常高兴。浙江省今后将一如既往地支持秦山、三门核电项目的建设发展，使浙江省尽早成为我国的核电大省。

——2003 年 2 月 19 日，视察秦山核电基地时讲话

能源建设是我国实现现代化、全面建设小康社会的需要。能源建设要解决好结构问题，从可持续发展和能源安全的角度都要大力发展清洁能源。核电是新生的、今后将加快发展的清洁能源，目前正处于蓬勃发展时期。希望我国核电事业能够把握机遇，乘势而上。

——2010 年 9 月 5 日，视察宁德核电厂时讲话

双方应该在核电、高铁、高技术、金融等领域打造示范性强的“旗舰项目”，深化教育、科技、媒体等交流合作，便利人员往来。

——2014 年 3 月 25 日，在荷兰会见英国首相卡梅伦

2014 年 3 月 24 日，第三届核安全峰会在荷兰海牙举行，国家主席习近平出席会议并发表重要讲话，阐述了“发展和安全并重、权利和义务并重、自主和协作并重、治标和治本并重”的核安全观。

——出席第三届核安全峰会并发表重要讲话

在采取国际最高安全标准、确保安全的前提下，抓紧启动东部沿海地区新的核电项目建设。

——2014 年 6 月 13 日，主持召开中央财经领导小组第六次会议时讲话

60 年来，几代核工业人艰苦创业、开拓创新，推动我国核工业从无到有、从小到大，取得了世人瞩目的成就，为国家安全和经济建设作出了突出贡献。核工业是高科技战略产业，是国家安全重要基石。要坚持安全发展、创新发展，坚持和平利用核能，全面提升核工业的核心竞争力，续写我国核工业新的辉煌篇章。

——2015 年 1 月 15 日，就中国核工业创建 60 周年作出重要指示

这是我们自己的技术，我们要把它推向非洲和全世界。

——2015 年 12 月 4 日，在南非参观中非设备制造业展览中国核电企业展台时，对陪同的南非前总统介绍“华龙一号”

2016 年 4 月 1 日，国家主席习近平出席在华盛顿举行的第四届核安全峰会，并发表题为《加强国际核安全体系　推进全球核安全治理》的讲话。

——出席第四届核安全峰并发表重要讲话

“华龙一号”是中国完全自主知识产权的三代核电技术。

——2017 年 6 月 8 日，国家主席习近平和哈萨克斯坦总统纳扎尔巴耶夫共同参观阿斯塔纳世博会中国馆，习近平向纳扎尔巴耶夫介绍“华龙一号”

应对气候变化《巴黎协定》代表了全球绿色低碳转型的大方

向，是保护地球家园需要采取的最低限度行动，各国必须迈出决定性步伐。中国将提高国家自主贡献力度，采取更加有力的政策和措施，二氧化碳排放力争于 2030 年前达到峰值，努力争取 2060 年前实现碳中和。各国要树立创新、协调、绿色、开放、共享的新发展理念，抓住新一轮科技革命和产业变革的历史性机遇，推动疫情后世界经济“绿色复苏”，汇聚起可持续发展的强大合力。

——2020 年 9 月 22 日，在第七十五届联合国大会一般性辩论上的讲话

到 2030 年，中国单位国内生产总值二氧化碳排放将比 2005 年下降 65% 以上，非化石能源占一次能源消费比重将达到 25% 左右，森林蓄积量将比 2005 年增加 60 亿立方米，风电、太阳能发电总装机容量将达到 12 亿千瓦以上。

——2020 年 12 月 12 日，在气候雄心峰会上的讲话

习近平强调，能源合作一直是两国务实合作中分量最重、成果最多、范围最广的领域，核能是其战略性优先合作方向，一系列重大项目相继建成投产。今天开工的 4 台核电机组是中俄核能合作又一重大标志性成果。习近平提出三点希望。

第一，坚持安全第一，树立全球核能合作典范。要高质量、高标准建设和运行好 4 台机组，打造核安全领域全球标杆。充分发挥互补优势，拓展核领域双边和多边合作的广度和深度，为世界核能事业发展贡献更多力量。

第二，坚持创新驱动，深化核能科技合作内涵。要以核环保、

核医疗、核燃料、先进核电技术为重要抓手，深化核能领域基础研究、关键技术研发、创新成果转化等合作，推进核能产业和新一代数字技术深度融合，为全球核能创新发展贡献更多智慧。

第三，坚持战略协作，推动全球能源治理体系协调发展。要推动建设更加公平公正、均衡普惠、开放共享的全球能源治理体系，为全球能源治理贡献更多方案。应对气候变化是各国共同的任务。中俄要推进更多低碳合作项目，为实现全球可持续发展目标发挥建设性作用。

——2021 年 5 月 19 日，国家主席习近平同俄罗斯总统普京共同见证中俄核能合作项目开工仪式，并发表讲话

战略高技术领域取得新跨越……“国和一号”和“华龙一号”三代核电技术取得新突破。

——2021 年 5 月 28 日，在中国科学院第二十次院士大会、中国工程院第十五次院士大会、中国科协第十次全国代表大会上的讲话

为推动实现碳达峰、碳中和目标，中国将陆续发布重点领域和行业碳达峰实施方案和一系列支撑保障措施，构建起碳达峰、碳中和“1+N”政策体系。中国将持续推进产业结构和能源结构调整，大力发展可再生能源，在沙漠、戈壁、荒漠地区加快规划建设大型风电光伏基地项目。

——2021 年 10 月 12 日，出席《生物多样性公约》第十五次缔约方大会领导人峰会并发表主旨讲话

附录二

专家学者对核电发展的观点主张

调整能源结构，发展核能和可再生能源[1]

徐匡迪[2]

中国的能源消费结构

中国的能源消费结构和世界上其他国家的能源消费结构不同，我国的能源主要依靠化石能源，其中70%左右来自煤炭，这就是我国二氧化碳排放量居世界第一位的最主要原因。而不同能源发电的碳排放系数是不一样的，最大的就是煤炭，其次是石油，然后是太阳能、水能、风能和核电，所以说发展核电是降低二氧化碳排放的有效手段之一。

---

① 本文摘自《中国核电》，2011年，第3期。

② 徐匡迪，中国工程院院士，曾任第十届全国政协副主席、中国工程院院长，现任中国工程院主席团名誉主席。

核电厂的选址很重要

发展核电要把安全放在首位，核电厂的选址很重要，要认真考虑，我国有些地区处在欧亚大陆和印度板块断裂层，有些地区处在欧亚大陆和太平洋板块撞击处，我认为这些地区在核电厂选址时要把地震、海啸等作为重点因素考虑。因为一旦发生超过预期的地震或海啸，再好的设备也没有用，整个水都灌进去了，供电系统都停了，安全措施就没用了，日本福岛核电厂就是一个典型的例子，它虽然有一套安全系统，而且安全系统是自动的，但遭受了里氏 9.0 级的地震和海啸，很多安全系统就没用了。

日本福岛核事故的警示

日本福岛核事故，引起了公众对核电安全性的争论。我想说明的是，福岛核事故不是核电厂本身出了问题，而是地震和海啸的次生灾害引起了核泄漏，如果那个地方没有地震、没有海啸，就不会出现这么严重的核事故，这和切尔诺贝利核事故的性质是完全不同的。这次福岛核事故以后，我们听到世界上主要有三种声音：第一种声音是以日本、欧洲为代表的，特别是德国，提出来要减少或关闭停止核电厂。第二种声音是以美国和法国为代表的，认为他们的技术是可靠的，他们的选址是慎重的，因此不存在要减少核电或停止核电的问题。第三种声音是我们这些发展中国家，我们要充分吸取日本的经验教训，认真研究核电的安全应对措施和事故防范性。

中国发展核电的思路

中国目前还是应该在较短的时间内，在安全选址的前提下继续发展核电。2007 年，核电只占我国能源比例的 1.2%，2020 年预计占 4%，现在看来可能会放慢一点，因为选址非常谨慎，我们还是要对所有要兴建核电厂的厂址进行仔细的分析和监控研究，在确保安全的前提下发展核电。中国正处于工业化和城市化快速发展时期，我们应该节能减排、发展循环经济，调整能源结构，发展核能与可再生能源是建设低碳社会、实现绿色发展的基础。

对我国核能发展战略的几点思考[1]

杜祥琬[2]

我国能源结构将经历三个发展阶段

目前，我国能源结构处在以化石能源为主（占 90% 以上）的阶段。如果以非化石能源所占比例超过 10% 作为进入能源多元结构的标志，则我国可能 2015 年前后进入能源多元结构阶段。

在这个阶段初期的几十年中，化石能源仍将占主导地位，但煤炭和石油年消耗总和的绝对量在持续一段时间（约 20 年左右）的增加，并达到历史性的峰值后，将缓慢减少。这个变化趋势的必然性由 3 个原因所决定：一是煤炭、石油带来的环境问题必须得到控制；二是更根本的原因在于煤炭、石油的不可再生性；三是洁净能源（包括可再生能源、核能及天然气）的替代能力将逐步提高，在我国一次能源结构中的所占比例将逐步增加。这个能源多元结构阶段大约会持续百年左右，然后进入非化石能源为主的第三阶段，这个新阶段的标志是非化石能源将占到一次能源总量的 90% 以上。

涉及一个世纪以后的事，很难定量说准。然而，讨论这个长达百年以上的“能源结构三阶段”的战略意义在于，它可以使我们从方向上定性判断各类能源消长的大趋势，从而增强战略谋划及政策

① 本文摘自《中国核电》，2012 年，第 3 期。
② 杜祥琬，中国工程院院士，曾任中国工程院副院长；现任国家能源咨询专家委员会副主任。

制定的稳定性。

例如，包括非常规天然气在内的天然气属于较洁净的化石能源，从资源和开发潜力看，应成为我国能源发展的重点和亮点之一。但定量而言，即使通过努力到 20 世纪中期，天然气的供应能力比现在增加一倍甚至两倍，也只能占到一次能源总量的百分之十几。到那时，它将成为一个绿色能源支柱。

但是，不能只靠天然气替代煤炭和石油，必须加上可再生能源和核能的贡献。可以肯定，在能源多元结构阶段，天然气将为能源结构的改善起到重要作用，但它和可再生能源及核能的发展并不是相互排斥的。三者共同努力，一个也不能少，才有望使洁净能源在 2050 年的中国一次能源结构中占到半壁江山，并进一步增加。而非化石能源为主的阶段，则须靠可再生能源和核能二者的合力，才能较早到来并稳定发展。

人类不可能弃核，必须驯服核能

非化石能源包括可再生能源和核能。可再生能源中的太阳能、风能、生物质能等可看作是广义的太阳能。而太阳能源于核能，是太阳内部发生的核聚变释放能量的一种形式。可以说没有核能就没有人类，人类与核能天然地结下了不解之缘。

另外，地球上可控的核能发展，大体上将经历由利用核裂变能走向利用核聚变能两大阶段，目前是利用核裂变能，而未来的核聚变电站将为人类提供可永续发展的核能，成为受控核能的归宿。从以上两重意义上讲，人类无法弃核。

现阶段有现实意义的是核裂变能。在它发展的几十年历程中，曾发生过三哩岛、切尔诺贝利和福岛三次大的核事故。尽管因核事故死亡的人数远少于煤炭的矿难事故和交通事故，但由于核事故具有一定的后效性和扩散性，每一次事故都增加了人们对核电安全的担忧，甚至使人谈核色变，因而给核电的发展势头带来负面的冲击。福岛事故后，德国、瑞士等国宣布逐步弃核，但这些国家的弃核对世界核能的全局影响不大。

美国对本国核电安全性重新进行了评估，美国核管会评估的结论是，像福岛核事故这样的事件序列在美国不可能发生。因此，在役核电机组继续运行，并继续进行核电厂延寿和新建核电厂的审批。我国在福岛核事故后，及时开展了核电安全大检查。检查结果一方面肯定我国核电厂具备对严重事故的预防和缓解能力，应对极端外部事件具有一定安全裕度，安全风险处于受控状态，同时指出，要充分吸取各次核事故的教训，采取进一步加强核安全的措施，改进和提升安全水平。

英、法、俄及韩、印等国和国际原子能机构也对福岛事故进行了认真分析，对核电的安全性重新进行了评估，作出明确结论，确认了继续发展核电的方针。世界核能发展的基本格局是稳定的。

这种战略上的稳定性，有 3 个方面的深层次原因：第一，发现和认识核能是 20 世纪人类最伟大的科学成就之一。人类既然认识了核能的巨大潜力和价值，就不可能把它锁在抽屉里，必然会努力使之成为人类的驯服工具，不驾驭核能才是真正的危险。第二，实践已经证明核裂变能是可以驾驭和控制的。至 2010 年底，全球共有 441 座运行的核裂变反应堆，总装机 3.75 亿千瓦，年发电量占全球电力的 15%。30 个拥有核电的国家累计已有 1.4 万堆年的运行经验。实践证明，裂变核电厂是可以做到安全的。第三，三次核事故分别从内部风险和外部风险不同角度提供了互相补充的丰富经验教训和启示，深化了人们对核安全的理解。这表明，核事故是可分析、可认识的，而且每次核事故都带来了核安全技术和核安全管理水平的提高。驯服核能必然是一个在实践中不断总结、提高、改进的过程。驯服核能，确保安全，是人类的历史使命和责任。

百年大计，稳扎稳打

核电在战略上具有竞争力源于它有着不可替代的优点：它是高能量密度的能源，输出功率稳定高效；它是比较清洁、低碳、环境友好的能源；这些优点的展现又是以核电可以做到安全为基础和前提的。我国发展核能和可再生能源是为了逐步替代化石能源，而高比例的替代要求其最终必然发展到一个相当大的规模。同时，核能是一个科学技术要素很多的产业，其安全和规模化的发展必将带动多方面的科学、技术和工程领域的进步。对国家来说，这是一个抢占科技优势制高点的大战略，也是创新型国家的重要标志之一。

我国已运行 15 台核电机组，装机 1257 万千瓦，几代核电人的卓越努力，使之保持着良好的安全记录。这既是发展的基础，也是信心的根据之一。核电目前在我国电力中占比不足 2%，有着很大的发展潜力。在这个战略必争的领域，保持指导思想和方针政策的稳定性和持续性是十分重要的。

历史地看，我国核能事业还很年轻，处在发展的初级阶段。需要清醒地认识到，我国核能基础研究薄弱，技术储备不足，对长远发展目标和路线图的论证还不够深入，全产业链各个环节的发展尚未协调配套，核能发展的法制建设和管理体制有待改进完善。在坚定发展核能的同时，需强化风险意识，努力夯实各方面的基础，有一个“百年大计，稳扎稳打”的心态和安排。在我国的发展史上，未曾有过因头脑冷静、稳步发展造成的失误，倒是有狂热的“大跃进”使国家损失惨重的深刻教训。我国核能迄今的发展是比较健康的。中央提出，国民经济要稳中求进，核能今后的发展也应该是这样，为此，需认真做好一系列工作。

1）切实落实安全大检查提出的各项整改措施，提升核安全文化素养和水平；研究和制定更高的核安全标准，从选址、设计、堆型选择、建造、运行、管理等各环节确保运行安全，提高预防或缓解事故的能力，使放射性释放的潜在风险切实可控。

2）科学制定我国核能发展战略，并在战略的指导下调整和制定核能发展规划及实现规划目标的路线图和具体措施。中国工程院核能研究课题组建议，在 2015 年装机约达 4000 万千瓦规划的基础上，2020 年我国核电运行装机达 6000 万到 7000 万千瓦，在建约 3000 万千瓦，可供研究和决策参考。对进一步实现更大规模核电的目标和时间表，有关单位和专家已有一些定量的研究和建议，尽管各家的估算存在着差异，却有一个共同点，即规模与时间表要和铀资源的可供性相匹配。获取铀资源有几种途径，完全可以通过对情况的科学调研与分析，对技术可行性、市场可能性、供应安全性、经济性及提高铀资源利用率的途径，得到更中肯的认识，并使相应的研发投入和政策措施的制定，也建立在更充分的科学论证的基础上。

3）沿海和内陆核电厂都要做到安全。对内陆核电厂确定严格的设计标准，且对排放约束更严是必要的。在场址的选择上须作更充分的论证，特别是对避开地震带和水源的稳定可供性应予以高度重视。欧美60%的核电机组建在内陆；美国104座运行中的反应堆，100个在内陆；我国可充分借鉴其经验。

4）关于核能长远发展的技术路线，涉及热中子堆以后如何发展的问题。我国目前启动了实验快堆的研究，但快堆的发展战略尚不清晰，商用快堆采取何种技术路线，后处理技术如何选择，其他堆型（包括裂变—聚变混合能源堆、小型核反应堆、核动力堆等）前景如何……这些问题，宜多作研究，多进行论证。与此相关的是，需加强与核能有关的基础性研究，如与反应堆质量和寿命有关的材料学研究，核反应堆新概念、新技术、新工艺研究，从海水中提取铀的研究等。我国未来的核能规模可能是世界上最大的，它必须建立在最先进而又可靠的科学技术基础之上。

5）高放废物的分离—嬗变技术和核废物的最终处置问题，需早作研究和工程技术上的准备。高放废物的地质处置，须保持长期与生物圈隔离，避免对环境的危害。在已有工作的基础上，应加强研究和部署。

6）发展核能是国家行为，须更好地理顺和完善管理体制和机制。发展核能的根本目的是造福人民，有关的科学普及工作和公众参与需要制度化、常态化，这对赢得公众的信心和支持是十分重要的。

发展核电突破环境制约，助力“美丽中国”[1]

叶奇蓁[2]

目前，我国能源供需失衡，煤电给生态环境带来较大压力，且运输成本高。核电不排放二氧化碳、二氧化硫等污染物，而且是高负荷因子大功率密集型的能源，相对于煤电具有较强经济竞争力和替代能力。同时，核电运输量很少，百万千瓦级的火电站每年需要运输 300 多万吨煤，而核电每年只需要运输 30 多吨核燃料，所以发展核电也可以解决了能源的运输问题。核能将成为我国未来可持续能源体系中的重要支柱之一。

当前，中国能源面临着四大问题：一是供需总量平衡问题；二是以煤为主的能源结构造成了环境和生态问题；三是西煤东运、北煤南运、西电东输造成了能源运输问题；四是石油和天然气进口数量相当大，存在能源供应安全问题。

如果我国到 2020 年建成 6000 万千瓦核电，1 年可以减排二氧化碳 5.74 亿吨，约占 2020 年全国排放总量 6.8%。发展核电对我国突破资源环境瓶颈，实现绿色低碳发展具有不可替代的作用。

我国核电具有后发优势，技术成熟，工程建设质量水平比较高，安全水平优于现役国际同类核电厂。我国核电多半建立在 20 世纪 90 年代以后，可以充分利用国际上建设和运行核电的经验。目前，

① 本文整理于 2013 年 4 月中国科协主办的“清洁核能助力美丽中国——科学家与媒体面对面”活动中叶奇蓁院士的发言。
② 叶奇蓁，中国工程院院士、秦山二期工程总设计师。

我国已运行的核电厂基本是改进型压水堆机组，我国正在开发自主的先进核电，也是世界上首批建设先进核电的国家。我国核电建设没有发生过国际核事件分级 2 级及 2 级以上的运行事件，核电厂排出物低于国家标准限值 2 个量级以上，没有对环境带来任何不良影响，全部核电机组运行水平均在国际中上水平。发展核电将突破环境制约，清洁核能将助力美丽中国。

对于核安全要敢于发声，敢于沟通[①]

潘自强[②]

2019年是具有重要意义的一年，新中国迎来70周年。2019年对中国核能行业来讲，也是最具期望的一年，三年核电“零核准”之后，年初国家核准了几个新的核电项目，福建漳州核电项目、广东惠州太平岭核电项目通过安全审查后将进入正式开工建设。截至2019年6月底，我国大陆运行核电机组47台，在建核电机组11台；还有19座民用研究堆和临界装置、18座民用核燃料循环设施、2座低中水平放射性废物处置场在运行。值得一提的是，采用美国AP1000、欧洲EPR的三代核电技术的6台核电站在中国均已并网投入运行，我国自主三代也将面临投运前的“临门一脚”，为明年商运做最后的冲刺。与此同时，国际环境也在发生微妙变化。在这样的当口，9月3日，我国首个核安全白皮书——《中国的核安全》白皮书发布了。“白皮书的发布具有很重要的意义。把我们国家的核安全的状况向国际上进行披露也是很重要的。”中国工程院院士潘自强在接受本刊记者采访时如是说。

值此白皮书发布的时机，本刊就核与辐射安全、法规建设、核能发展、公众沟通等相关问题专访了我国核与辐射专家、中国工程院院士潘自强。

① 本文摘自《中国核工业》，2019年10月刊。
② 潘自强，中国工程院院士、我国核与辐射专家。

1.“安全第一”，我国核安全记录是很好的

一落座，潘院士首先特别强调了核安全的概念。他说：“我们所说的核安全，世界上叫核与辐射安全。从科技方面来区分，有核安全、有辐射安全、有核安保。我这里讲的话，就讲核与辐射安全。”这一席话体现出了潘院士对于核安全理解的科学与严谨。

对于我国的核安全记录，潘院士表示，“白皮书中都讲了，我国核安全的记录是很好的。”白皮书中显示，我国核电发展安全高效，核电机组性能指标总体处于良好水平，截至 2019 年 6 月，已安全稳定运行累计 300 余堆年，未发生国际核与辐射事件分级表（INES）2 级及以上的事件或事故，且 0 级偏差和 1 级异常事件发生率呈下降趋势。2018 年，12 台运行机组 WANO 综合指数满分，世界领先。重要核设施安全运行，全国 18 座民用核燃料循环设施、2 座低中水平放射性固体废物处置场保持良好安全记录。

潘院士也强调，我国不仅核电站核安全的记录是良好的，核与辐射安全的记录也是良好的。据他介绍，我国核电站工作人员每年接受的辐射剂量为一个毫希伏左右，也就是相当于标准的 1/20，没有人超过剂量约束值。对核电厂周围居民影响来说，辐射剂量相当于天然本底的 1/100 左右，实际上的影响是看不出来的。我们的辐射测量技术也比较好，即使是 1/100 也能测得出来。可以说，核设施对周边环境影响是很小的。“所以无论是从核安全角度，还是辐射安全角度，我国核电是安全的，我国核电的发展是有保障的。”

毫无疑义，我国核安全的良好记录得益于始终坚持“安全第一”的核与辐射安全战略。

事实上，我国核工业从一开始就将“安全第一”作为核事业发展的重要原则。潘院士说，发展核工业，安全第一，周总理就说了这话的。他还回忆道，当时核工业部与卫生部联合成立了安防卫生局，在当时的全国，安全方面就这一个局，编制与国家的安全部门是平行的。而且这个局由钱信忠和钱三强双重领导，当时钱信忠是卫生部的副部长，钱三强是核工业部的副部长。由此就可以知道，当时国家对核领域的安全是非常重视的。白皮书中显示，中国核能利用从起步发展、适度发展到积极发展、安全高效发展，始终坚持安全第一，实现发展和安全两个目标相互促进、有机融合。核与辐射安全始终是核工业的生命线。

与此同时，我国建立了系统完备的法规标准体系。据白皮书显示，我国相继颁布了《中华人民共和国放射性污染防治法》《中华人民共和国核安全法》等 2 部法律，行政法规 9 部，部门规章 30 余项和安全导则 100 余项等。“这些法律法规对核能安全发展发挥了很好的作用，对核能发展起到了促进和保障作用。可以说，我们国家核与辐射安全的法律法规与国际是接轨的，是比较系统的。但有一些问题还是值得研究的，结合我们国家的实际情况再进一步地完善，也还是必要的。”潘院士表示。

据了解，我国核能领域的法规体系建设还在进一步完备当中。原子能法在制定之中，潘院士一直呼吁的放射性废物管理方面的法律也已提到议事日程，国家核安全局正在组织准备立项。

2. 目前迫切需要的是发展内陆核电

我国核电项目的审批在任何时候都是公众关注的重要话题之一。此次核安全白皮书发布之际，我国后续核电的发展也备受关注。谈及此问题，潘院士表示，我国目前核电发电量仅占总发电量的 4%，许多发达国家的核电比例都很高。中期的话，到 2030 年，中国工程院有一个建议，装机容量应该达到 1 亿 ~1.5 亿千瓦。现在就我们的核电建设能力而言，每年开工 8~10 台机组是绝对不成问题的。

他进一步表示，目前迫切需要的是发展内陆核电。“我现在认为，合理的分配，应该主要是在内陆发展。大家认识上的所谓‘内陆核电站’，其实根本就没有这个问题，内陆和沿海都是一样的。这个问题要搞搞清楚。中国工程院咨询研究报告专题进行了研究，专门出过一本书——《内陆核电厂及核能展中的几个重要安全、环境问题研究》，内陆发展核电是没有问题的。中国工程院还写过一个建议书，原来工程院的院长徐匡迪是第一个签字的，大概有 50 个院士也签了字。”

发展核电，核安全是重要的前提，要尊重和重视安全，对问题应该采取分析研究的态度。要解决核电上与不上的问题，就要让公众了解核电、核与辐射安全。“公众科普沟通工作的作用是毫无疑问的，做好公众的沟通工作也是非常重要的。”潘院士对科普工作的成效很肯定，他强调，让中国的公众了解中国的核与辐射安全的情况是十分重要的，此次白皮书的发布就是一个很好的途径。但核能界也应更多地听取环保等其他相关专业有关安全方面的意见。

行业外的专家的支持意见对于核能发展也是很重要的。如果交流沟通不够，可能会妨碍核能发展。这个问题在某种程度上长期存在，但现在对其认识是不够的。“秦山核电现在定的这个点，当时要是没有外面的专家表达支持的意见，点是定不下来的。当时农牧渔业部明确的意见是不同意在秦山定点。就在这个会上，会议开始时，除核工业部的专家外，意见几乎是一边倒的反对。但后来浙江水产研究院院长也是当时水产学会的理事长，他是水产方面的权威，在会上说，支持，从而改变了这个局面。我是从头到尾参加会议的。我认为，秦山之所以能定点，那个同志是功不可没的。”

潘院士也特别强调，就我国国内来看，真正让公众理解，首先是知识界，包括政界的理解。做好知识界、相关政府层面的沟通工作是非常关键的。要加强跟外面知识界包括干部层面不同意见者的交流工作，充分交换意见。

除了做好不同意见人士的说服、解释工作之外，还要敢于发声、敢于沟通。潘院士就讲了一次自己的亲身经历。“有一次，一位专家就一些问题发表了一些看法，我在科技日报上连续发了 4 篇文章，后来那位专家就没有理由了。但是那次的问题比较具体。”有些问题并不一定很具体，但也要有针对性地发声，取得不同层面的人士对核电发展的理解和支持。

3. 做到领先关键还在基础研究

目前我国核电建设成绩有目共睹，无论是国内运行的 47 台机组，还是正在建设的 11 台机组，还是国外已建和在建的 6 台机组；无论是世界三代核电在我国已建成的 6 台机组，还是国内、海外正在建设的我国自主三代“华龙一号”，又或是高温气冷堆示范项目的积极推进，都显示出中国是世界核电发展的重要力量。

我国核电正处于从跟跑到并跑的重要阶段。要实现领跑，潘院士表示，还需要在理论、基础研究上下工夫。他说，面对新的发展态势，我们要有一个正确的路线，核电还是要坚定不移地发展。目前三代核电我们在世界上建设是领先的，四代核电处于探索阶段。我们说掌握先进技术，还是试验阶段，从理论、基础研究角度，跟国际上相比，差距还是比较大的。深入的研究我们也正在做，比如熔化机理研究、耐事故燃料研究，但在加强基础研究方面还需要加大力度。

谈到我国后处理技术的发展，他也表示，要重视后处理，抓紧处理处置核废物。近年来，我国后处理取得较大的进展。中低放也好，高放也好，已取得一些很好的业绩了，但迫切需要加快进程。对一些问题要加强研究，虽然有相当的困难，但不是不可以克服的。

可以说，《中国的核安全》白皮书的发布，让社会更好地理解了我国核能发展的安全生态，加上此前发布的《中国的核应急》白皮书，共同展示了我国核工业发展构建的良好的安全发展环境。

和风惠畅。良好的安全与发展环境，必将带来我国核能发展的美好时代。

碳达峰与碳中和引领核能发展[1]

杜祥琬

2020年，中国向世界宣示了“2030年前实现碳达峰”、“2060年前实现碳中和”的两个国家目标，后又宣布了我国国家自主贡献的一系列新举措，并强调“我们说到做到”。这是我国积极应对气候变化的国策，也是基于科学论证的自主承诺；是从我国国情实际出发的行动目标，也是高瞻远瞩的长期发展战略目标；是国内推进能源革命、对外构建人类命运共同体的融合点，也是推动双循环，促进新发展格局的抓手。“双碳”目标的宣示，更加清晰了我国“能源革命”的阶段目标，也要求我们为能源低碳转型做出更扎实、更积极的努力。

对“双碳”目标的十点认识

认识一 对于发展中的中国，“双碳”目标及时地引导我国实施低碳转型，以低碳创新推动可持续发展，推动社会由工业文明逐步走向生态文明新时代。

认识二 “双碳”目标倒逼产业结构调整，及时抑制发展高耗能产业的冲动。推动战略性新兴产业、高技术产业、现代服务业进步，拉动巨量的绿色金融投资，带来新的经济增长点和新就业机会，支撑高质量发展。

---

① 本文选自《中国核工业》2021年第9期。

认识三 “双碳”目标既体现了应对气候变化的“共区原则”和基于我国现实和发展阶段的原则，又彰显了一个负责任大国应对气候变化的积极态度。

认识四 碳达峰不是攀高峰，更不是冲高峰，碳达峰与碳中和是有机联系的两个目标，碳达峰是瞄准碳中和的，在实现碳达峰的过程中要尽力做好实现碳中和的顶层设计和路线图。2030 年前实现碳达峰，要和国家宣布的 2030 年我国碳排放强度将比 2005 年下降 65% 以上，非化石能源占一次能源消费比重达 25% 左右等指标统一理解。在确保经济高质量发展的同时，峰值应尽可能低，有条件的地区率先达峰，为下一步实现碳中和打下基础，减少实现碳中和的代价。

认识五 “双碳”目标是能源革命的两个里程碑。“双碳”目标将大幅推动节能和提高能效，同时大力发展非化石能源、稳步减少化石能源，构建以新能源为主体的新型电力系统。我国目前还处在煤炭消耗量较大的阶段，实施低碳转型，确有困难的一面，但也可使我国在能效方面获益更多。低碳并不是减少能源，也不是减缓经济发展，而是以更绿色和高效的能源保障供需安全和环境安全，实现公平、公正的能源转型，能源安全保障与低碳转型并行不悖。

认识六 实现“双碳”目标，需要重新认识我国的能源资源禀赋，这是一个影响我国能源政策、能源战略的重大问题。一谈到我国的能源资源禀赋，只讲“富煤”“缺油”“少气”，不能准确描述我国能源资源禀赋。实际上，丰富的非化石能源资源是我国能源资源禀赋的重要组成部分。我国已开发的可再生能源不到技术可开发资源量的十分之一。实施能源低碳转型，资源基础是丰厚的。

认识七 中东部（胡焕庸线以东）是我国电力的主要负荷区，提一种满足中东部电力负荷需求的新思路：“身边取”和“远方来”相结合，“分布式”和“集中式”相结合，并强化“身边取”和“分布式”，提高中东部地区能源自给率。中东部地区有丰富的可再生资源，还可以建造核电站，不同专家组定量的计算表明：电从“身边取”更加经济和安全。

认识八 实现“双碳”目标，需克服巨大困难。归纳起来讲，我国产业偏重，能源偏煤，效率偏低，对高碳发展路径依赖惯性大等，克服这些困难，恰恰是补我国发展的短板，落实新理念，实现新发展。

认识九 能源科技创新蓬勃发展为实现“双碳”目标提供强力支撑。包括可再生能源新技术、新材料、新工艺，各种储能技术，绿氢技术，产能建筑及零能耗建筑，液体阳光，新能源汽车，分布式能源（虚拟电厂），固体废弃物资源化利用，空气源热泵技术，先进核电技术等。

认识十 实现“双碳”目标是复杂的系统工程，也是一个科学的转型过程。政策性很强，需把握好节奏、积极而稳妥，既要防止“一刀切”简单化，又要防止转型不力，带来落后和无效投资。把好事办好，深刻推动经济、社会的变革和进步。总之，碳达峰是高质量经济发展同时的达峰；是产业结构优化和技术进步导致碳强度逐步降低实现的达峰；不是攀高峰、更不是冲高峰，是瞄准碳中和的达峰。碳中和是我国经济社会发展的新引擎，是要开创一条兼具成本效益、经济效益和社会效益的路径，是与实现国家第二个百年目标同步的、经济社会低碳转型、深刻进步的里程碑。从碳达峰走到碳中和，发达国家一般用了 45 ~ 70 年，而中国只有 30 年时间，因此碳达峰后只有更有力度的减排，才能实现碳中和。这显然更困难，更富有挑战性，但更是新型的发展机遇。

“双碳”目标引领核能发展

我国“十四五”期间能源规划，我认为需要为十九大提出的2035年和2050年目标找准方向，走出能源革命的正确道路。同时，为2030年前实现碳排放达峰做好铺垫，为2060年前实现碳中和明确路径。进而为我国走上高质量发展新征程，迈出坚实的一步。当前，我国能源转型面临着转型不力导致能源系统和技术的落后，

化石能源要尽可能适应能源转型，并做出贡献。要做好煤炭的高效清洁利用，稳油增气。化石燃料富含碳元素，是基础化工和材

料制备的碳资源，要体现好它的原料属性。发挥好煤电的“供电价值”和“灵活性价值”。要大力发展非化石能源，推进低碳转型。我国发展非化石能源，需要可再生能源与核能并举。在我国非化石能源为主的阶段，核能作为稳定的基荷将发挥重要的基础性能源作用。通过推动核能等新能源发展，逐步建立我国以新能源为主体的电力（能源）系统，基于这个能源系统的经济体系将支撑我国的生态文明社会。

在国家确定“双碳”目标之后，核电需要发挥更重要的作用，核电是战略必争，需要有一个更积极务实、安全高效的发展规划。建议 2020 年到 2030 年这十年间，每年争取开工机组 6 ～ 8 台左右，核电总装机争取 2030 年达到 1.3 亿千瓦，发电量近万亿千瓦时，占比约 8%。此外，发展核电余热供暖，稳步推进低温核供热堆，受控核聚变研究争取再有突破，也有专家提出，到本世纪中叶，让核聚变能在我国点亮第一盏灯！发展核能，要以《核安全法》《原子能法》为基础，使核能安全、健康发展，全产业链（含前端、后端）配套和高质量发展。在核能领域确立新发展理念，要进一步理顺核电的体制、机制，要制度化地与公众和地方深入沟通，深入宣讲核电的安全性、经济性，切实做到“人民核电为人民”。在此基础上，针对核电发展的各种堆型思想活跃，需要做好科学论证，还要发展多种核技术应用，受惠于百姓。

今年的《政府工作报告》指出，“在确保安全的前提下积极有序发展核电”。中国的核能事业是国家核心利益之所在，将在更坚实的科技基础、制度基础、文化基础和社会基础之上走向未来。

“双碳”背景下的核能与美好生活
——杜祥琬、叶奇蓁院士在第十届“魅力之光”核科普活动凤凰网直播访谈摘录

主持人（凤凰卫视：胡玲）：叶院士，您是秦山二期的总设计师，去年是秦山安全发电 30 周年，这对于秦山来说有什么意义？

叶：两个日子，2021 年是秦山一期并网发电 30 周年，今年是秦山二期商运 20 周年。秦山一期是原型堆，当时好多条件还不具备，但是在我们自己的努力下琢磨出来了、做出来了，是中国第一座自行设计建造的核电站。虽然碰到了不少问题，但是还是很好地运行了 30 年。秦山一期原来设计寿命是 30 年，当时还不敢说 40 年，心里没底，留了余量。经过 30 年运行，再经过各方面测试，再延长 20 年没问题。去年的 30 年画了个句号，现在开始就是第二个 20 年。20 年将来是不是还能延，将来再看。延寿 20 年以后，它发电量从 30 万千瓦变成 35 万千瓦，装机容量提高了，技术水平也提高了，全数字化的控制。所以我们自己设计的核电站很可靠，虽然是个原型堆。

秦山二期商运 20 年来运行相当稳定，采用商业模式运行，借钱还贷，15 年还清了，现在发的电就很赚钱，等于是“摇钱树”。核电电价里面大概 60% ~ 70% 是投资的还款付息构成的，赚的很少，但是现在还完了，无债一身轻，电价还是以前的价格。我们把这些财富积累起来，都是国家的财富，滚动发展，投入今后的核电建设。今年是秦山二期商运 20 周年，我们的核电机组设计寿命是

扫码观看　直播回放

40 年，再运行 20 年肯定没有问题，而且要考虑延寿到 60 年。

主持人：叶院士，秦山二期是不是您这一生最满意的一件作品？

叶：秦山二期以商业模式来搞，而且是上世纪末本世纪初最先进的技术。我们克服了好多困难，当时有八字方针“以我为主，中外合作”。“以我为主”是我们自己中国力量来搞，中方决策，中方负责，我们自己担当，敢于担当。“中外合作”是在改革开放的背景下，我国买了各个国家不同类型的核电站。美国人跟我说，你搞的那个电站是全世界最便宜的电站。我当时大概算了一下，一千一百三十几美元每千瓦的建设费，当时大亚湾为两千多美元每千瓦。完全靠中国自己的力量既能造得好，又能造得便宜，心里面感到很舒畅，非常骄傲。

图为直播现场，中间：杜祥琬院士，右一：叶奇蓁院士，左一：凤凰卫视主持人胡玲

主持人：谈到核电发展，必然会谈到核电安全，在整个世界发展水平当中，和同行相比，中国的核电安全是处于一个什么样的水平？

杜：大家对于曾经发生过的切尔诺贝利核事故和福岛核事故有

一种担心，核电会不会再出事儿？这个担心是完全有道理的，是完全可以理解的。我也认真研究了一下切尔诺贝利核事故和福岛核事故，我觉得像切尔诺贝利这样一个很严重的核事故是必须避免的，而且完全可以避免！切尔诺贝利核电站没有安全壳，现在我们的核电站有好几层安全装置，即使出了事也不会发生切尔诺贝利那样的事情。切尔诺贝利核事故发生以后，这种堆型以后哪一个国家也不会再采用，所以这样的事情不会再发生。

福岛事故是一个事故序列。首先是九级地震，地震引发了 14 米高的海啸，然后冲击了岸上的核电站。日本福岛核电站从一地震就停堆，这个操作是很规范的，但是停堆以后，反应堆还会发热，一定要冷却水来冷却，冷却水供应需要电，海啸把电力供应系统冲垮了，备用电站也冲垮了。在这种情况下，后期工作又没有做好，一开始是 4 级核事故，后来升为 7 级核事故。

福岛核事故以后，中国的地震、海洋和核安全的专家们一块儿做了研究。就中国的沿海的核电站会不会碰到这样的情况，做了非常明确的定量的研究。结果表明，我们不会发生这样的事情，但是尽管如此，中国也加强了自己沿海核电站的安全屏障。这些核事故对我们来说是非常好的教科书，给了我们非常丰富的经验和教训，使我们的核电可以做得更安全，大家可以更放心。30 多年来，我们中国的核电站一直保持着很安全的运行记录。

主持人：叶院士，请您说一说怎么样能够更好地打消公众对于核电安全的疑虑？

叶：中国的核电安全是有保障的。我们有后发优势，人家出的问题，把它演绎为教训来改进我们的工作。1986 年发生了切尔诺贝利核事故，但是中国并没有停止核电。1987 年大亚湾开工建设，1984 年秦山开始建设（1985 年 3 月 20 日 FCD）。大亚湾没有停下来和不浇灌第一罐混凝土，秦山也没停下来，而是继续搞，而且在 1986 年做了决定，要搞秦山二期。

我们对中国的核电是很有信心，我们相信我们选择的堆型、技术路线是能确保安全的，因此切尔诺贝利核事故发生以后，我们继续搞核电站。现在国内还有相当多的第二代核电站，但这些核电站已经做得很先进，我们有的叫二代 + 或者二代 ++。我们的核电站为什么安全？第一是堆芯热工裕量高，切尔诺贝利核事故后提出，堆芯热工裕量要大于 15%，秦山二期远大于 15%。就好比烧一锅水，怕它烧干，我们比人家多 15% 的水，烧干的概率就小了，烧干的时间也延长了，就更加安全了。第二是安全壳，我们的安全壳能防战斗机或小型飞机的撞击。第三是我们有过滤排放系统，安全壳里面压力太高了，撑不住了，怎么办呢？我们有一个过滤排放系统。这个系统可以把超高压力的蒸汽排放出去，同时降低蒸汽的放射性。因此我们的二代堆有的时候说近于三代的指标。福岛核事故以后，推荐建设第三代堆，第三代堆是安全系统要更完整、更可靠。法国建造核电站就是一个“保镖”不行，搞四个“保镖”，美国说不要保镖，自己的非能动系统可以保障安全。我们就把这两个结合起来，能动加非能动，既有“保镖”，又有自己的降温措施，双保险。在建的“华龙一号”具有三代核电的安全性，相信安全性足够了。现在运行的二代堆已经很好了，再加上三代堆，安全指标提高一个量级以后更安全了。

主持人：中国的核电发展是安全的，这是毋庸置疑的。二位院士知道的，中国在核能利用的态度上发生过什么样的阶段性的变化吗?

杜：战略上中国的核事业先做国防相关的，然后才开始转民，方针是清楚的。而且中国作为一个有核国家，一定要从科学、技术、工业到产业，要保持自己的一定实力，全产业链条发展。但是几次核事故对中国人对核能的认识、态度和政策也不是没有影响的。2011 年 3 月 11 日，福岛核事故发生，那个时候中国工程院刚刚完成了中国能源中长期发展战略研究。福岛核事故一发生，我们就把核能这一部分拿出来，重新立了一个题——中国核能发展再研究。这个课题做了不到一年，就完成了一个非常具体的发展战略，就是中国的核电战略必争、稳妥高效、安全第一。2012 年 2 月，我们上报了国务院，当时的国务院常务会议马上就让工程院对这个研究做了五分钟的汇报。那次国务院常务会上就确定了中国要在安全的前提下继续发展核电的战略方针。福岛核事故以后，中国做了一年的安全大检查，2012 年又启动了核电的发展。我所感觉到的就是既有影响，但是战略上又坚定不移。但是内陆核电站发展的速度较慢，现在还是保留厂址、暂不发展的方针，这个问题要做好工作有所突破。中国沿海核电建设厂址有限，装机容量大约是 1.5 亿千瓦。一定要在做好工作的前提下，把核能的发展从“双碳”目标这个角度、高度考虑，核能发展更为重要、更为积极。政府工作报告里面提到了“在确保安全前提下积极有序发展核电”。“积极”俩字加上去很不容易，可以看出来中央政府的态度还是要积极有序发展好核电。

主持人：中国第三代核电“华龙一号”全球首堆全面投产了，“华龙一号”的商用，特别是它的出口，到底有什么样的意义呢？它对于中国核电的未来又承载了什么呢?

叶：中国的“华龙一号”出口到巴基斯坦是第一次发展中国家向发展中国家提供高技术的核电。在这以前都是发达国家控制核电，条件很高，价格也很贵。1988 年 12 月，我作为核电交流团到巴基斯坦访问，当时巴基斯坦原委会主席穆尼尔汗对我说，我们希望跟中国进行核电合作，我们的朋友不帮助我们，我们希望中国人帮助我们，南南合作。1988 年我们还没有一个核电站在运行，他说要跟着我们搞，我说这事情没办法，我还没有搞成，我不能给你。1988 年的时候，秦山一期已经进入安装阶段，我也参加了秦山一期的组织、设计、复查、科研工作，我认为秦山一期是可靠的。因此我告诉穆尼尔汗，如果你真要想搞核电，可以考虑秦山一期，但是他怕价钱贵。后来我们团队研究了一下，认为单位造价有竞争力。60 万千瓦，搞两个 30 万千瓦是一样的。巴基斯坦采纳了这个建议，跟巴基斯坦合作先搞了四台 30 万千瓦的核电站，后来“华龙一号”成熟了，巴基斯坦愿意跟我们并行，我们刚开工没几天，相差了三四个月的时候，我们自己的两台刚开始建设，巴基斯坦的“华龙一号”也开工了。巴基斯坦觉得中国人说话算数，中国的核电质量是有保证的，安全性是好的。虽然你没有建成，但是我也愿意，当初建造 60 万千瓦核电站跟我谈的时候，他说你走一步我走一步，我说这有点难，因为 1988 年的时候国外合作都没定，这个路线怎么走都还没定。这件事情对我们核电走出去有很大影响，真正实现共商、共建、共享、合作、共赢。这个事情对中国是有很深远影响的，是一个标志，一个发展中国家去帮助另外一个发展中国家，而且真正按照我们构建人类命运共同体的理念去进行，来发展高科技，支撑社会发展、经济发展、人民生活水平的提高。

主持人：其实杜院士早在 1992 年的时候，就在学术刊物上提出了建设发展这个核供热堆，用来满足石油石化的配套需求。请您谈一谈核供热堆目前是否具备足够的安全性？它的经济性以及未来的推广性又是怎样的?

杜：那个时候我对核供热堆了解得很肤浅，只知道石油钻采需要有热能，是不是也可以采用核供热堆？今天讲核电讲的比较多，但是中国能源不光是需要电，还需要很多热能。核供热堆到了今年才开始有一些实际的应用。比如海阳核电站的余热也可以用来供热、供暖。核供热堆本身是很安全的，基本上是亚临界状态，亚临界的状态下可以保证堆的安全。

主持人：叶院士，请您给我们科普一下不同的反应堆有什么区别？那么尤其在“双碳”目标之下，不同的核电发展路径能够给我们的生活带来什么?

叶：最开始的时候，都把注意力集中在发电，但实际发展下来，核电在其他方面的应用潜力巨大，海阳核电抽了一部分蒸汽供热，现在准备逐步应用到整个海阳市，再多余的还可以给青岛供热。而且供热以后没有损失发电，效率还提高了三个百分点，一举两得。现在还在研究堆的其他用途。一个核电基地一般都有六到八台机组，如果都是每台机组装机容量都是百万千瓦，基地数量不可能太多，不可能全靠核电站的热电联供来解决居民的供暖问题，需要开发一种新的堆型。海南昌江的“玲龙一号”是装机容量比较小的压水堆，只有 12.5 万千瓦，它既能发电，又能供热。这样的小型堆可以放到各个地方去，甚至可以放到船上，搞一个浮动的核电站，就像俄罗斯搞的浮动核电站。放在船上面可以给石油勘探的海洋平台供热、供电、供蒸汽。还可以送到我国那些远洋地区进行供电，而且燃料不成问题，一年就用一卡车。海岛的开发、海洋的利用、内陆沙漠地区、边远地区的开发都可以用到小型堆。还有搞更小容量的移动核电站，可以搭载到车上。比如，沙漠有某种特种矿产，大规模开发不行，但是又要开发，这时候可以用车把小型堆拉过去提供电力。核电还可以供高热，因此我们提出了一个方案，为连云港的石化基地提供石化所需要的工艺热。450 到 500 度的热，我们现在的核电站没有这个温度，因此我们把“华龙一号”和高温堆串起来，蒸汽的成本低于当地的限制价，而且还有相当的余量。高温堆建造成本较高，但在这条路上也可能规模化地发展起来。连云港非常欢迎，石化基地烧煤烧油的成本很高，运输也不方便，而且不减排。我们有一个长远的目标，如果高温堆温度能提到 1000 度，现在是 750 度，可以用来制氢。利用热化学循环，把水分解成氢跟氧。还有一些别的应用都在发展，快堆可以把燃料再增值，钍基熔盐堆可以把不裂变的钍材料变成裂变的材料。把核能的方方面面利用起来，既能发电、又能供热、又能供蒸汽、又能海水淡化。

主持人：中国政府 2020 年明确提出碳达峰、碳中和目标之后，在 2021 年政府工作报告当中强调了“积极”二字，在“双碳”目标之下中国核电有哪些大有可为的地方?

杜：碳达峰、碳中和是全球能源转型的一个大方向。绿色低碳转型让非化石能源的比重越来越大，然后适当的逐步的稳步地减少化石能源。当中非化石能源包括可再生能源和核能，可再生能源包括水电、生物质能等。太阳能、风能等是低碳、绿色的，但是这些能源不稳定、有间歇性。如何让新型电力系统变得稳定、平衡，需要多能互补。在风能、水能、太阳能等这些可再生能源之外，一定要把核电的比例做得更大。因为核电属于非化石能源，而又比较稳定，核电站一年可以运行七八千个小时，这是太阳能、风能等做不到的。核能是多能互补的新能源系统里面有一个稳定的基荷。除此之外还要保留一定的化石能源，保留一定的调控能力，与可再生能源相结合，一个未来的能源体系应该是多能互补的。现在中国的能源体系中核能占例太低，核电的发电量只占总发电量的 5%，核能在整个能源系统里只占 2% 多一点，而全球这个比例大概是 10% 左右。

主持人：到底什么是真正的超级能源，那我们离真正的这个超级能源还有多远，可能最终核聚变的研究会是我们的一个终极方向，杜院士是怎么理解核聚变的。

杜：所有的能源的根都来自太阳能，而太阳能就是太阳里面一直发生的核聚变产生的，所以一切能源都归之于核聚变。将来还是要指望核聚变，现在核聚变已经取得了很大进展，但是还没有到可以发电的程度。但是我们中国搞核聚变的专家们告诉我，核聚变点燃的第一盏灯要在中国亮起。这句话我非常欣赏，我也希望能够实现。现在全世界各国都很重视核聚变的研究，各国都认为一个国家力量有限，因此在法国南部合作建了一个试验堆 ITER。我们国家也是参加方之一，这个技术是共享的。参加建造的各个国家认为这个试验堆大概二三十年能够成功，然后是演示堆、最后才是商用堆。人类在本世纪内掌握核聚变，发展到商用应该是可能的，我有信心。

主持人：我们有信心说我们的核反应堆是安全的，但未来有没有可能实现一个完全零风险的核电站的建设呢？您觉得达到这个目标需要解决哪些问题?

叶：中央要求我们绝对安全，我们按照这个方向走。出现核事故首先是堆芯熔化，放射性物质外溢。安全壳是最后一道屏障，如果安全壳损坏，大量放射性物质会释放出来。过去的二代堆堆芯融化概率是 10 的负 4 次方，放射性物质释放到环境中的概率是 10 的负 5 次方。三代核电堆芯融化概率是 10 个负 5 次方，相对二代核电提高了一个量级，释放到环境中的概率是 10 的负 6 次方。理论计算实际上还高一个量级，堆芯融化的概率大概是百万分之一，真正的释放到环境当中的概率是千万分之一。在这样的情况下概率很低了，可以说实际上消除了放射性物质大规模释放。当然也有意外事件，人为破坏等，但是我们也有一系列措施保卫。现在我们还在研究耐事故燃料。现在所有都是安全系统在起作用，如果我们的燃料能扛得住，我们燃料不产生氢爆，燃料最高温度不会升得太高，燃料能包容可裂变气体，这样核电站的安全性就可以更高。再有人工智能可以更好地辅助操作人员，辅助设备的维护维修，使可靠性更高。这一系列的措施可以让风险基本上接近于零，理论上零不可能，但实际上已经接近于零了。

今天的三代核电不是就停步了，还要继续朝前走，一直做到安全又安全又安全。

附录三

全球核电机组情况

表 1　全球核电机组情况[1]

国家	2020 年核电量		在运机组		在建机组	
	TW · h	核电占比 %	数量	装机容量 MWe	数量	装机容量 MWe
美国	789.9	19.7	93	95523	2	2500
中国	344.7	4.9	52	49,769	19	20,880
法国	338.7	70.6	56	61370	1	1650
俄罗斯	201.8	20.6	37	27,653	3	2810
韩国	152.6	29.6	24	23150	4	5600
加拿大	92.2	14.6	19	13624	0	0
乌克兰	71.5	51.2	15	13107	2	1900
德国	60.9	11.3	3	4055	0	0
西班牙	55.8	22.2	7	7121	0	0
瑞典	47.4	29.8	6	6882	0	0
英国	45.9	14.5	12	7343	2	3440
日本	43	5.1	33	31679	2	2756
印度	40.4	3.3	23	6885	8	6700
比利时	32.8	39.1	7	5942	0	0
捷克	28.4	37.3	6	3934	0	0
瑞士	23	32.9	4	2960	0	0
芬兰	22.4	33.9	4	2794	1	1720
保加利亚	15.9	40.8	2	2006	0	0
匈牙利	15.2	48.0	4	1902	0	0
斯洛伐克	14.4	53.1	4	1837	2	942
巴西	13.2	2.1	2	1884	1	1405
南非	11.6	5.9	2	1860	0	0
墨西哥	10.9	4.9	2	1552	0	0
罗马尼亚	10.6	19.9	2	1300	0	0
阿根廷	10	7.5	3	1641	1	29
巴基斯坦	9.6	7.1	5	2242	1	1100
斯洛文尼亚	6	37.8	1	688	0	0
伊朗	5.8	1.7	1	915	1	1057
荷兰	3.9	3.3	1	482	0	0
亚美尼亚	2.6	34.5	1	415	0	0
阿联酋	1.6	1.1	2	2690	2	2800
白俄罗斯	0.3	1.0	1	1110	1	1194
土耳其	0	0	0	0	3	3600
孟加拉国	0	0	0	0	2	2400
全球统计	2553	10.3	437	389,174	58	64,483

① 数据来自 WNA 数据库，统计时间截至 2021 年 10 月 31 日。全球统计中计入中国台湾地区的 3 个在运反应堆。

表 2　中国（不含台湾地区）在运核电机组（截至 2020 年底）①

序号	电站	机组	控股股东	堆型	机型	额定功率（万千瓦）	开工日期	首次并网日期	商运日期
1	秦山核电站	1 号机组	中核	压水堆	CNP300	31	1985/3/20	1991/12/15	1994/4/1
2	大亚湾核电站	1 号机组	中广核	压水堆	M310	98.4	1987/8/7	1993/8/31	1994/2/1
3		2 号机组	中广核	压水堆	M310	98.4	1988/4/7	1994/2/7	1994/5/6
4	秦山第二核电站	1 号机组	中核	压水堆	CNP600	65	1996/6/2	2002/2/6	2002/4/15
5		2 号机组	中核	压水堆	CNP600	65	1997/4/1	2004/3/11	2004/5/3
6		3 号机组	中核	压水堆	CNP600	66	2006/4/28	2010/8/1	2010/10/5
7		4 号机组	中核	压水堆	CNP600	66	2007/1/28	2011/11/25	201/12/30
8	岭澳核电站	1 号机组	中广核	压水堆	M310	99	1997/5/15	2002/2/26	2002/5/28
9		2 号机组	中广核	压水堆	M310	99	1997/11/28	2002/9/14	2003/1/8
10		3 号机组	中广核	压水堆	CPR1000	108.6	2005/12/15	2010/7/15	2010/9/15
11		4 号机组	中广核	压水堆	CPR1000	108.6	2006/6/15	2011/5/3	2011/8/7
12	秦山第三核电站	1 号机组	中核	重水堆	CANDU-6	72.8	1998/6/8	2002/11/19	2002/12/31
13		2 号机组	中核	重水堆	CANDU-6	72.8	1998/9/25	2003/6/12	2003/7/24
14	田湾核电站	1 号机组	中核	压水堆	VVER/AES-91	106	1999/10/20	2006/5/12	2007/5/17
15		2 号机组	中核	压水堆	VVER/AES-91	106	2000/9/20	2007/5/14	2007/8/16
16		3 号机组	中核	压水堆	VVER/AES-91	112.6	2012/12/27	2017/12/30	2018/2/15
17		4 号机组	中核	压水堆	VVER/AES-91	112.6	2013/9/27	2018/10/27	2018/12/22
18		5 号机组	中核	压水堆	M310 改进型	111.8	2015/12/27	2020/8/8	/
19	红沿河核电站	1 号机组	中广核	压水堆	CPR1000	111.879	2007/8/18	2013/2/17	2013/6/6
20		2 号机组	中广核	压水堆	CPR1000	111.879	2008/3/28	2013/11/23	2014/5/13
21		3 号机组	中广核	压水堆	CPR1000	111.879	2009/3/7	2015/3/23	2015/8/16
22		4 号机组	中广核	压水堆	CPR1000	111.879	2009/8/15	2016/4/1	2016/9/19
23	宁德核电站	1 号机组	中广核	压水堆	CPR1000	108.9	2008/2/18	2012/12/28	2013/4/15
24		2 号机组	中广核	压水堆	CPR1000	108.9	2008/11/12	2014/1/4	2014/5/4
25		3 号机组	中广核	压水堆	CPR1000	108.9	2010/1/8	2015/3/21	2015/6/10
26		4 号机组	中广核	压水堆	CPR1000	108.9	2010/9/29	2016/3/29	2016/7/21
27	阳江核电站	1 号机组	中广核	压水堆	CPR1000	108.6	2008/12/16	2013/12/31	2014/3/25
28		2 号机组	中广核	压水堆	CPR1000	108.6	2009/6/4	2015/3/10	2015/6/5
29		3 号机组	中广核	压水堆	CPR1000	108.6	2010/11/15	2015/10/18	2016/1/1
30		4 号机组	中广核	压水堆	CPR1000	108.6	2012/11/17	2017/1/8	2017/3/15
31		5 号机组	中广核	压水堆	ACPR1000	108.6	2013/9/18	2018/5/23	2018/7/12
32		6 号机组	中广核	压水堆	ACPR1000	108.6	2013/12/23	2019/6/29	2019/7/24
33	福清核电站	1 号机组	中核	压水堆	M310 改进型	108.9	2008/11/21	2014/8/20	2014/11/22
34		2 号机组	中核	压水堆	M310 改进型	108.9	2009/6/17	2015/8/6	2015/10/16
35		3 号机组	中核	压水堆	M310 改进型	108.9	2010/12/31	2016/9/7	2016/10/24
36		4 号机组	中核	压水堆	M310 改进型	108.9	2012/11/17	2017/7/29	2017/9/17
37		5 号机组 *	中核	压水堆	HPR1000	115	2015/5/7	2020/11/27	/
38	方家山核电站	1 号机组	中核	压水堆	M310 改进型	108.9	2008/12/26	2014/11/4	2014/12/15
39		2 号机组	中核	压水堆	M310 改进型	108.9	2009/7/17	2015/1/12	2015/2/12
40	昌江核电站	1 号机组	中核	压水堆	CNP600	65	2010/4/25	2015/11/7	2015/12/25
41		2 号机组	中核	压水堆	CNP600	65	2010/11/21	2016/6/20	2016/8/12
42	防城港核电站	1 号机组	中广核	压水堆	CPR1000	108.6	2010/7/30	2015/10/25	2016/1/1
43		2 号机组	中广核	压水堆	CPR1000	108.6	2010/12/23	2016/7/15	2016/10/1
44	三门核电站	1 号机组	中核	压水堆	AP1000	125	2009/4/19	2018/6/30	2018/9/21
45		2 号机组	中核	压水堆	AP1000	125	2009/12/15	2018/8/24	2018/11/5
46	海阳核电站	1 号机组	国家电投	压水堆	AP1000	125	2009/9/24	2018/8/17	2018/10/22
47		2 号机组	国家电投	压水堆	AP1000	125	2010/6/20	2018/10/13	2019/1/9
48	台山核电站	1 号机组	中广核	压水堆	EPR	175	2009/11/18	2018/6/29	2018/12/14
49		2 号机组	中广核	压水堆	EPR	175	2010/4/15	2019/6/23	2019/9/7

① 中国工业经济联合会，中国核工业集团有限公司 . 中国工业史 核工业卷 . 北京：中共中央党校出版社 ,2021 年版，第 699 页。

参考文献

[1] 房超，陈虹宇．核能公众接受性：研究、反思与对策 [M]. 北京 : 中国原子能出版社 ,2020.

[2] 中国核学会，中国核科技信息与经济研究院．2049 年中国科技与社会愿景 核能技术与清洁能源 [M]. 北京 : 中国科学技术出版社 ,2020.

[3] 朱华．核电与核能 : 第 2 版 [M]. 杭州 : 浙江大学出版社 ,2020.

[4] 俞冀阳．核能科普 ABC[M]. 北京 : 中国原子能出版社 ,2020.

[5] 范育茂．核反应堆安全演化简史 [M]. 北京 : 中国原子能出版社 ,2016.

[6] 国家能源局，国家核安全局．画说核安全 [M]. 北京 : 人民出版社 ,2008.

[7] 中国核能电力股份有限公司．中国核电科普手册 [M]. 北京 : 中国原子能出版社 ,2017.

[8] 邢继，等．世界三次严重核事故始末 [M]. 北京 : 科学出版社 ,2019.

[9] 白云生，等．核电在我国未来能源结构中的地位与发展前景

研究 [M] 北京 : 中国原子能出版社 ,2018.

[10] 张廷克 , 李闽榕 , 尹卫平 , 等 . 中国核能发展报告（2021）[M]. 北京 : 社会科学文献出版社 ,2021.

[11]World Nuclear Association, world-nuclear-performance-report-2021, 2021.

[12]International Atomic Energy Agency. Energy, Electricity and Nuclear Power Estimates for the Period up to 2050, 2019.

[13] 王乃彦 . 发展核能供热 , 缓解大量燃煤造成的大气污染 . 2018[2021-11-11]. https://www.cers.org.cn/news_show.aspx?id=6688.

[14] 高树超 . 构建核电发展新模式 , 建设零碳未来城——专访中核核电运行管理有限公司党委书记、董事长黄潜 [J]. 中国核电 ,2021,14(03):308-311.

[15] 高树超 , 成亚光 . 核能供热书写幸福民生答卷 , 开启了核能综合利用新纪元——专访吴放 [J]. 中国核电 ,2019,12(06):603-606.

[16] 全国首个生态核电建设示范基地落户惠州 , 2021[2021-11-11]. https://baijiahao.baidu.com/s?id=1713037763224486332&wfr=spider&for=pc.

[17] 海南省全面推动清洁能源岛建设 . 2021[2021-11-11]. https://www.sohu.com/a/449343155_120065640.

[18] 郝东秦 , 汤紫德 , 朱清源 . 中国核电经济性研究 [M]. 上海 : 上海科学技术出版社 ,2021.

[19] 麻省理工学院 . 碳约束环境下核能未来发展 [R]. 2018.

[20]C2ES, ACCF, BIPARTISAN POLICY CENTER, 等 . 清洁能源需要核能 [R]. 2019.

[21] 国际能源署 . 清洁能源系统的核电 [R]. 2019.

[22] 布鲁诺 · 康姆 . 环保学家谈核能（中文版）[M]. 北京 : 中国原子能出版社 ,2006.

[23] 比尔 · 盖茨 . 气候经济与人类未来 [M]. 北京：中信出版集团 ,2021.

[24] 王鑫 . 公众对核电安全性认知的现状调查与分析 [J]. 上海节能 ,2017(9):541-545.

[25] 郑蔚 . 邢继：建造安全标准最高的核电站 [J]. 大江南北 ,2021(2):11-13.

[26] 杜祥琬 , 叶奇蓁 , 徐銤 , 万元熙 , 彭先觉等 . 核能技术方向研究及发展路线图 [J]. 中国工程科学 ,2018,20(3):17-24.

[27] 汤搏 . 核安全的若干基本问题和核电厂安全水平的确定 [J]. 核安全 ,-2006(2):1-7.

[28] 文剑波 . 突破旧围筑新城——核电公众沟通中的绝对质疑和相对信任 [J].2021(2):29-33.

[29]Steel B S , Mcavoy G E . Controlling Technocracy: Citizen Rationality and the NIMBY Syndrome.[J]. The American Political Science Review, 2000, 94(4):952.

[30]Carson R T , Mitchell R C . Property Rights, Protest, and the Siting of Hazardous Waste Facilities[J]. American Economic Review, 1986, 76(2):285-290.

[31]Sue Cowan. NIMBY syndrome and public consultation policy: the implications of a discourse analysis of local responses to the establishment of a community mental health facility[J]. Health & Social Care in the Community, 2003, 11(5):379-386.

[32] 张郁 . 公众风险感知、政府信任与环境类邻避设施冲突参与意向 [J]. 行政论坛 ,2019,26(04):122-128.

[33] 李文姣 . 核电项目引发邻避型群体性事件的预防治理机制研究 [J]. 领导科学 ,2018(23):54-56.

[34] 宋妍 , 张明 . 公众认知与环境治理 : 中国实现绿色发展的路径探析 [J]. 中国人口 · 资源与环境 ,2018, 28(08): 161-168.

[35] 中国工业经济联合会 , 中国核工业集团有限公司 . 中国工业史 核工业卷 [M]. 北京 : 中共中央党校出版社 ,2021.

[36] 薛岳 , 徐广铎 . 中国核技术应用产业发展现状 [J]. 同位素 ,2021,34(02):97-103.

[37] 杜祥琬 . 对我国核能发展战略的几点思考 [J]. 中国核电 ,2012,5(03):194-196.

[38] 叶奇蓁 . 发展核电突破环境制约 助力“美丽中国”[J]. 中国核电 ,2013,6(04):290.

[39] 徐匡迪 , 卫广刚 . 调整能源结构 发展核能和可再生能源 [J]. 中国核电 ,2011,4(03):194.

[40] 高彬 , 白云生 .“双碳”目标下我国核电积极有序发展的思考 [J]. 电力决策与舆情参考 ,2021,33:32-37.

[41] 白玫 . 百年中国电力工业发展：回顾、经验与展望——

写于纪念中国共产党成立100周年之际[J].价格理论与实践,2021(05):4-10.

[42] 李玉崙.尊重科学、统筹规划、合理布局发展核电[J].科学文化评论,2015,12(04):5-26.

[43] 王宁,朱沈超,陈芳斌,周胜.中国核电与可再生能源发电协调发展初探[J].可再生能源,2021,39:1069-1077.

[44] 刘镇江.习近平核安全观的伦理探究[J].中国社会科学院研究生院学报,2021(02).

[45] 王寿君.《中国核工业集团公司发展史(1955-2015)》[M].北京:中国原子能出版社,2018.

[46] 朱彤、王蕾.《国家能源转型:德、美实践与中国选择》[M].浙江:浙江大学出版社,2015.

[47]《中国核电:公众沟通驱动型社会责任管理》[M].北京:企业管理出版社,2021.

[48] 高彬,李林蔚,陆浩然.能源低碳转型下世界核电仍具较大发展空间[J].中国核工业,2020,12:27-29.

[49] 顾健.贯彻核安全文化"四种意识"[J].国防科技工业,2022,4:46-47.

后 记

为什么要发展核电？这是一个不同时代的很多人问过的问题，也是不同时代的很多人曾深思熟虑又满怀激情地回答过的问题。

“双碳”目标是基于我国国情和对人类文明进程新的觉醒的目标，事关中华民族永续发展和构建人类命运共同体，将带来新投资、新技术、新产业、新交通、新建筑、新能源和新的发展方式，呼唤深度的科技创新和金融支持，将深刻推动经济和社会进步，实现经济、能源、环境、气候共赢。实现“双碳”目标是时代命题，是从工业文明时代走向生态文明时代，是人类文明的赶考，是全球的大考，中国不能落伍，历史要我们考出好成绩！核能发展将作出历史性的贡献！

而早在此书第一版 2013 年问世之时，我们当时抱着回应公众因为日本福岛核事故造成的对国内核安全形势的担忧，编写了第一版为什么要发展核电，阐明了我国核电发展的技术基础、安全体系和产业实力、发展逻辑。经过 9 年多的发展，我国核电事业取得了在运机组发电量跃居到世界第二，在建核电机组一直保持世界第一，自主三代核电技术“华龙一号”机组全面高质量按期建成投产的世界领先成就。

与此同时，我国核电发展也面临着新的挑战和考验，尤其是在“双碳”目标约束下，国家能源转型的大逻辑中，如何确定核电发展的地位和比例，乃至区域，目前还是存在分歧。因此，“为什么要发展核电”这一时代之问，在新的情景，具有了新的内涵，值得重新审视。出于对时代关切的共鸣，本书编写组立足现实，按照全面、系统、发展的眼光，结合我国核科技进步的成就，尝试系统全面地、有说服力地做出新的回答，力图直面问题、直视争议。在编写思路上紧扣“双碳”目标之需和公众关心“安全”之间，在传承《为什么要发展核电》第一版精华的基础上，着力解决三个中心问题：一是澄清“发展核电为了什么”的价值论问题，即核电定位、地位、重要作用；二是回答“发展核电意味着什么”的认识论问题；三是“怎么样发展核电”的方法论问题，为促进核能产业高质量发展提出具体的工作思路与路径。

此书由中核战略规划研究总院、中国核能电力股份有限公司和秦山核电联合成立了编写组执笔编写，邀请业内外专家共同审查完成。在编写过程中还重点邀请了国家能源局、国防科工局、国家核安全局、中国科协、中国核能行业协会、中国核学会、中国社会科学院工业经济研究所、清华大学、中山大学等有关领导、专家、媒体代表进行倾心指导。本书得到了国家能源局中国核电发展中心、中核集团党群工作部的高度重视，被纳入了国家能源局、中核集团核能科普系列丛书，被推荐为共青团中央志愿者行动指导中心开展七彩志愿者讲科普的科普辅导教材和中国核学会、中国核电联合主办的“魅力之光”杯核科普活动的辅导读物。

本书的编写思路、逻辑大纲由编委会集体讨论确定。初稿由编写组在学习借鉴现有成果、探索研究新发展动向的基础上起草，并由编写组集体审读、专家评审后确定，中国原子能出版社组织出版。在此，对各位参与人员的辛勤付出以及文献目录所列专家前期贡献的智慧在此一并表示衷心地感谢。

希望本书能够作为地方党政机关、党政领导干部学习核能知识的干部读物和社会大众了解我国核电实力、发展前景的科普读物，更好地营造促进我国核能事业高质量发展的氛围。

当然，正如核安全文化所倡导“没有最好、只有更好”“追求卓越、永远在路上”，由于时间和能力所限，书中难免不妥或错漏之处，敬请读者朋友批评指正。

编写组

2022 年 4 月

发展核电　造福人类